우리 아

★★★ 교수의 ★★★

옥스퍼드
영어 습관
365 초등

 조지은 지음

쌤앤파커스

지은이

조지은

서울대학교 아동가족학과를 졸업하고 동 대학원에서 언어학 석사 학위를 받은 후
영국 킹스 칼리지 런던(KCL)에서 언어학 박사학위를 받았다. 영국 옥스퍼드대학교
동양학부와 언어학과에서 한국학과 언어학을 가르치고 연구하고 있다.
아이들이 말을 배우는 과정에 대한 답을 얻기 위해 아동학과 언어학을 공부했고,
이중언어를 구사하는 아이들의 엄마가 된 이후에 이중언어습득 관련 연구와 저술에
집중하고 있다. 옥스퍼드대학교 동양학부에서 입학처장으로 10여 년간 근무하였고,
동 대학교에서 졸업식을 주관하는 보직을 현재도 맡고 있다. 최근에는 인공지능
시대의 언어 교육을 연구 중이다. 지은 책으로는 《공부 감각, 10세 이전에 완성된다》,
《언어의 아이들》, 《영어의 아이들》 외 영어 저서 30여 권이 있다.

일러스트 시니노니 @sini_noni

조지은 교수의 옥스퍼드 영어 습관 365

2023년 11월 15일 초판 1쇄 발행

지은이 조지은
펴낸이 박시형, 최세현

책임편집 강동욱 **디자인** 정은예
마케팅 양봉호, 양근모, 권금숙, 이주형 **온라인홍보팀** 신하은, 현나래, 최혜빈
디지털콘텐츠 김명래, 최은정, 김혜정 **해외기획** 우정민, 배혜림
경영지원 홍성택, 김현우, 강신우 **제작** 이진영
펴낸곳 (주)쌤앤파커스 **출판신고** 2006년 9월 25일 제406-2006-000210호
주소 서울시 마포구 월드컵북로 396 누리꿈스퀘어 비즈니스타워 18층
전화 02-6712-9800 **팩스** 02-6712-9810 **이메일** info@smpk.kr

쌤앤파커스(Sam&Parkers)는 독자 여러분의 책에 관한 아이디어와 원고 투고를 설레는 마음으로 기
다리고 있습니다. 책으로 엮기를 원하는 아이디어가 있으신 분은 이메일 book@smpk.kr로 간단한
개요와 취지, 연락처 등을 보내주세요. 머뭇거리지 말고 문을 두드리세요. 길이 열립니다.

프롤로그

저는 아이들의 언어발달을 연구하고 싶어서 언어학자가 되었습니다. 한국어·영어 이중언어 환경에서 태어난 작은아이가 언어를 배우는 과정을 영상으로 모두 기록할 정도로 이 주제는 제 인생의 화두였습니다. 오래 연구를 거듭하면서 얻은 절대적인 깨달음이 있다면 언어는 소통의 즐거움과 자유로움 속에서 학습된다는 사실입니다. 이는 학습자의 나이가 많든 적든, 학습자가 시험을 목표로 하든 실전 회화를 목표로 하든 마찬가지입니다. 그래서 저는 우리 아이들이 본격적으로 영어 학습 레이스에 돌입하기 전인 초등학년 시기에 영어 학습의 즐거움과 성취감을 향상시켜줄 도구가 필요하다는 생각을 줄곧 해왔습니다.

《조지은 교수의 옥스퍼드 영어 습관 365》는 그런 오랜 고민이 반영된 결과물입니다. 일력에는 옥스퍼드대학교에서 저와 마찬가지로 학생들을 가르치는 저의 배우자, 그리고 두 딸이 실제 영국 가정에서 사용하는 표현과 어휘를 하루하루 소개하고 있습니다. 다만 어휘의 철자는 한국 교육 환경에서 쓰이는 미국식 표준 철자법을 적용했습니다. 본문의 '옥스퍼드 가족'은 저희 가족과 닮으면서도 다른 가상의 캐릭터들입니다. 더불어 지난 30년간 15개 이상의 언어로 번역되어 전 세계의 홈스쿨, 학교, 도서관, 학원 등에서 영어 교육에 활용하는 옥스퍼드대학교 출판부의 《옥스퍼드 리딩 트리Oxford Reading Tree》(ORT)의 내용을 참고·연계하여, 교과 영어 학습에 시너지를 일으킬 수 있는 표현들을 수록하였습니다.

Anna

I've made up my mind.

그렇게 하기로 결심했어요.

Daddy 올해의 마지막 날을 함께하면서 우리 가족은 모두 내년의 목표를 정해요. 안나의 목표는 한국어를 열심히 공부해서 한국어 소설을 한 권 읽는 거라고 하네요. 안나가 영어와 한국어를 완벽하게 구사하는 모습을 보면 정말 자랑스러울 거예요!

오늘의 표현 make up one's mind 결심하다, 마음먹다

오늘의 응용 **Just make up your mind.**
그냥 딱 결심해.

내용을 잘 살펴보면 실생활에서 쓰이는 말들은 간단하고 친근하면서도 모든 문장의 근본이 되는 문법 요소를 가지고 있습니다. 이런 말들은 영어가 평가의 대상이 아닌 소통의 도구로 인식하도록 만들고 자연스럽게 영어에 대한 흥미를 높이는 동시에 두려움과 저항감을 낮춰줍니다. 부모님께서 해주실 일은 그저 일력을 넘기며 아이들에게 말을 걸어주는 겁니다. 즐거운 분위기로 대화할 수 있다면 발음 같은 건 조금 엉망이어도 괜찮다는 사실을 잊지 말고요. 매일 사랑하는 엄마, 아빠와 즐겁게 말을 주고받으며 영어 구사의 기본이 되는 문법 요소를 미리 눈에 익힌 아이들은 학교에서도 영어 학습의 토대인 자신감과 적극성을 발휘할 것입니다.

ORT의 작가 로더릭 헌트Roderick Hunt는 ORT가 전 세계적으로 사랑받는 이유는 아이들이 이야기를 통해 일상의 놀이, 관계, 사랑의 요소를 모두 등장인물과 함께 경험할 수 있기 때문이라고 말했습니다. 아이들은 이야기를 읽으면서 영어를 구사하는 사람들 또한 자신과 같은 감정과 욕망을 가졌음을 이해하고 영어를 타인의 언어가 아닌 자신의 언어로 받아들이게 됩니다. 이 일력과 함께 소중한 하루하루를 보낼 한국의 아이들 또한 평범한 영국 옥스퍼드 가정의 모습을 통해 영어가 자신의 삶으로 여유롭고 자연스럽게, 그리고 무엇보다 즐겁게 스며드는 감각을 느꼈으면 좋겠습니다.

영국 옥스퍼드에서
조지은

I've practised this piano piece many times now.

이 곡 많이 연습했어요.

**That's it, Anna.
You've done enough for today.**

거기까지 해, 안나야. 오늘 충분히 했어.

**Ok. I'm hungry.
When is Mummy coming back?**

네. 저 배가 고프네요. 엄마는 언제 돌아오세요?

Actually, she is on her way.

사실 지금 오고 있대.

엄마 (조지은)

대학교에서 언어학을 가르치고 있어요. 학생들의 졸업식을 주관하는 일도 해요. 직접 만들어낸 재밌는 이야기를 아이들에게 들려주는 걸 좋아해요. 늘 바쁘지만 항상 아이들과 보낼 시간을 찾는 엄마랍니다.

Mummy

아빠

Daddy

대학교에서 미술을 가르치고 있어요. 그리고 가족들에게 맛있는 음식을 해주는 최고의 요리사예요. 까르보나라와 로스트 치킨 요리는 최고예요. 아빠는 정원에서 꽃과 나무를 가꾸는 일도 좋아한답니다.

안나

14살 중학생이에요. 요리, 제빵을 잘하고 그림 그리기도 좋아해요. 요즘에는 옷 만드는 일에 빠져서 다양한 옷을 디자인하고 있어요. 언어 공부에 관심이 많아서 스페인어, 라틴어, 중국어를 공부하고 있어요.

Anna

지니

Jinny

11살 초등학생이에요. 장난을 좋아하는 개구쟁이죠. 뭐든지 뚝딱뚝딱 만들고 그리며 창작하기를 좋아해요. 학교에서는 만화동아리를 운영하면서 후배들에게 만화를 가르쳐줘요. 그리고 공룡을 사랑한답니다.

★ **I built a humongous tower.**
엄청 큰 탑을 세웠어요.

★ **It was just horrible!**
정말 엉망이었어요!

★ **Mum is on her way.**
엄마는 지금 오는 길이래요.

★ **That's it.**
여기까지야.

★ **I am not sure how to solve it.**
어떻게 푸는지 잘 모르겠어.

1월

January

Anna

I am not sure
how to solve it.

어떻게 푸는지 잘 모르겠어.

Jinny 언니와 저는 저녁 시간 이후로 퍼즐에 붙들려 있었어요. 원뿔 모양의 구조물 안에 있는 공을 빼내면 되는 거예요. 아빠가 가르치는 학생이 만든 퍼즐 이라고 하는데, 너무너무 어려운 거 있죠. 혹시 이거 애초에 안 풀리는 퍼즐이 아닐까요?

오늘의 표현 **I am not sure** 잘 모르겠다

오늘의 응용 **I am not sure what the best way is to help you.**
너를 어떻게 도와줄 수 있을지 잘 모르겠어.

Daddy

What would you like for breakfast?

아침으로 뭐 먹을까?

Anna 우리 식구는 아침 식사 시간에 항상 그날 할 일을 서로에게 들려줘요. 하루 동안 소중한 가족들이 보낼 일상에 대해 알아가는 시간이랍니다. 여러분의 가족들은 아침을 어떻게 보내나요?

오늘의 단어 **breakfast** 아침 식사

오늘의 응용 **What would you like for lunch?**
점심으로 뭐 먹을까?

That's it.

여기까지야.

Anna 아빠는 뭐든지 적당히 하기를 원하세요. 너무 조금 하는 것도 문제지만 너무 과하게 하는 것도 사람을 금방 지치게 한다면서요. 요즘 저는 피아노 연습에 빠져 있는데요, 1시간이 넘어가면 피아노 방의 문이 열려요. 이제 그만 하라는 의미죠.

오늘의 표현 **That's it.** 여기까지야, 다 됐어

오늘의 응용 **That's it, you've practised enough piano for today.**
여기까지야. 오늘치 피아노 연습 충분히 했어.

Anna

Making pancakes is easy peasy.

팬케이크 만드는 거 진짜 쉬운데.

Jinny 저는 안나 언니와 함께 있는 시간을 좋아해요. 그런데 언니에게 쉬운 일이 아직 제게 어려운 경우가 많아요. 그럴 때마다 언니는 별것 아니라면서 제가 어려워하는 일들을 알려줘요. 팬케이크 만들기가 이렇게 쉬운지 처음 알았다니까요!

오늘의 표현 **easy peasy** 아주 간단하고 쉬운 일

오늘의 응용 **Making sandwiches is easy peasy.**
샌드위치 만들기 정말 쉽지.

Anna

Mum is on her way.

엄마는 지금 오는 길이래요.

Daddy "저녁 시간이다!" 파스타를 다 만들어놓고 외치니까 안나와 지니가 쪼르르 식탁에 모여 앉았어요. 그런데 아내가 보이질 않네요. 안나에게 물어보니 엄마는 지금 집으로 돌아오고 있대요. 저는 왜 아내가 이미 집에 돌아왔다고 생각했을까요?

오늘의 표현 **on one's way** 오고 있는, 가는 중인

오늘의 응용 **She is on her way home from school.**

그녀는 학교에서 집으로 오는 중이다.

3rd
January

Mummy

Would you like
a cup of tea?

차 한잔할래?

Anna 저는 엄마와 아침에 차를 마시면서 이야기하는 시간을 좋아해요. 어제 친구들과 있었던 일들을 들려주면 엄마는 저보다 더 들뜬 표정으로 친구들에 대해서 물어봐요. 저는 엄마가 제 친구들을 궁금해하는 게 너무 좋아요.

오늘의 표현 **a cup of tea** 차 한 잔

오늘의 응용 **That's not my cup of tea**
그건 내 취향이 아니야.

↳ 'Cup of tea'는 '내 취향'이라는 뜻으로도 쓰입니다.

Jinny

It was just horrible!

정말 엉망이었어요!

Daddy 저번에 지니가 숙제로 낸 에세이는 엉망이었어요. 친구와 만화를 만드느라 시간을 많이 쓰지 못했거든요. 하지만 아이들은 실패에서 배운다고 하잖아요. 이번 숙제는 정말 많이 노력했어요. 보나 마나 선생님도 감탄하실 거예요!

오늘의 단어 **horrible** 엉망인, 끔찍한

오늘의 응용 **The pasta tasted horrible.**
그 파스타 맛은 끔찍했어요.

Daddy

Let me get you some paper.

도화지 좀 가져다줄게.

Jinny 저는 그림 그리는 걸 좋아해요. 미술가인 아빠는 제가 그림을 그릴 수 있게 도화지를 많이 가져다줘요. 그럴 때마다 아빠가 집에 돌아오는 시간이 설레고 기다려진답니다.

오늘의 표현 **Let me get you some~** ~좀 가져다줄게

오늘의 응용 **Let me get you some water.**
물 좀 가져다줄게.

Anna

I built a
humongous tower.

엄청 큰 탑을 세웠어요.

Mummy 캠핑을 가면 종종 심심한 순간들이 찾아와요. 그럴 때 어른들은 멍 때리며 휴식을 취하기도 하지만 아이들에게는 지루한 시간이죠. 하지만 걱정할 필요 없어요. 금방 주변의 자연물로 노는 법을 터득한답니다. 안나와 지니가 쌓아놓은 저 커다란 돌탑을 보세요!

- -

오늘의 단어 **humongous** 엄청 커다란

오늘의 응용 **Look, that's a humongous tree.**
봐, 저기 엄청 큰 나무야.

Jinny

I am not good at sports, but I want to try football.

운동을 잘하지는 못하지만, 축구는 한번 해보고 싶어요.

Daddy 지니는 자신이 운동을 잘하지 못한다고 생각해요. 그렇지만 항상 새로운 도전을 두려워하지 않아요. 저는 그런 지니에게 용기를 북돋아 줘야겠어요. 바로 그거야, 지니! 처음은 모두에게 어려운 법이야!

오늘의 표현 **I am not good at~** ~을/를 잘하지 못하다

오늘의 응용 **I am not good at music.**
저는 음악을 잘하지 못해요.

Guess what? We're going camping in the mountains!

있잖아, 우리 산에 캠핑하러 가자!

Hooray! It cannot be true!

만세! 믿을 수가 없어요!

I'm so excited!

신난다!

Just be careful of the bees while we're there. I got stung last time.

거기서는 벌만 좀 조심하면 돼. 나는 지난번에 쏘였거든.

6th
January

Review Day

★ **What would you like for breakfast?**
아침으로 뭐 먹을까?

★ **Making pancakes is easy peasy.**
팬케이크 만드는 거 진짜 쉬운데.

★ **Would you like a cup of tea?**
차 한잔할래?

★ **Let me get you some paper.**
도화지 좀 가져다줄게.

★ **I am not good at sports, but I want to try football.**
운동을 잘하지는 못하지만, 축구는 한번 해보고 싶어요.

★ **Hooray!**
만세!

★ **That cannot be true!**
그게 진짜일 리 없어요!

★ **I am up to my neck in work.**
할 일이 산더미야.

★ **That wasp can sting me.**
저 말벌은 나를 쏠 수 있어.

★ **Did you get injured?**
어디 다쳤어?

Dialogue Day

What would you like for breakfast, dear?

얘들아, 아침으로 뭐 먹고 싶니?

Pancakes, please!
Can I help you make them?

팬케이크요! 만드는 거 도와드려도 돼요?

Of course, it's easy peasy!
Let's get started together.

당연하지, 아주 쉬워! 같이 시작해보자.

I'd love just a cup of tea, please.

나는 차 한 잔만 줘.

Anna

Did you get injured?

어디 다쳤어?

Jinny 공원에서 언니랑 자전거를 타고 놀던 주말이었어요. 나란히 달리는데 갑자기 제법 큰 다람쥐가 앞으로 튀어나왔어요. 저는 깜짝 놀라서 옆으로 넘어지고 말았죠. 언니가 얼른 자전거에서 내려서 제 몸을 살펴줬는데 다행히 하나도 안 다쳤어요.

오늘의 표현 injured 다치다, 부상을 입다

오늘의 응용 **He injured his knee playing hockey.**
그는 하키를 하다가 무릎 부상을 당했어.

8th
January

Daddy

How about we have a movie night today?

오늘 밤에 영화 보는 거 어때?

Anna 우리 집에는 매주 한 번씩 밤에 영화를 보고 잠드는 무비나잇이 있어요. 돌아가면서 직접 영화를 고르고 팝콘을 튀기고 모여 앉아서 두근두근 재밌는 영화들을 본답니다. 매일매일이 무비나잇이면 얼마나 좋을까요?

오늘의 표현 movie night 영화를 보며 보내는 저녁 시간, 무비나잇

오늘의 응용 Let's have a movie night tomorrow.
내일 밤에 영화 보자.

Daddy

That wasp can sting me.

저 말벌은 나를 쏠 수 있어.

Jinny 아빠는 뭐든지 뚝딱 해내는 슈퍼맨이지만 딱 하나, 벌을 무서워해요. 어릴 때 말벌에 크게 쏘인 적이 있어서 벌 공포증이 생겼대요. 이번 휴가 때도 아빠는 벌이 윙윙 날아다니는 소리를 듣고 얼음처럼 몸이 굳었어요.

오늘의 단어 **sting** 쏘다

오늘의 응용 **Wasps just sting people.**
말벌들은 그냥 사람을 쏴.

It's not quite perfect.

완벽하지는 않아.

Jinny 저는 언니랑 같이 공부하는 걸 좋아해요. 언니는 내가 모르는 게 있으면 척척박사처럼 알려주거든요. 언니가 무언가를 알려주면 저는 더 공부해보겠다고 말해요. 언젠가 언니가 완벽하다고 말해주기를 기대하면서요!

오늘의 표현 not quite perfect 완벽하지는 않은

오늘의 응용 I came inside, but it's not quite warm.
안에 들어와도 완전히 따뜻하지는 않네.

Mummy

I am up to my neck in work.

할 일이 산더미야.

Anna 엄마는 이번 주에 할 일이 산더미라고 10번도 넘게 얘기했어요. 그래서 이번 주말에는 엄마랑 절대 시간을 보낼 수 없겠다는 생각을 하고 있었죠. 대신 저희는 아빠랑 아쿠아리움에 갈 거예요. 엄마가 부러워할 정도로 재밌게 놀고 와야겠어요.

오늘의 표현 **be up to my neck in~** ~이 산더미처럼 있다

오늘의 응용 **You are up to your neck in debt.**
너 지금 빚이 산더미야.

Mummy

Are you scared?

무섭니?

Jinny 저는 비가 오는 날이 무서워요. 홍수가 나서 다 떠내려가면 어떡하죠? 번쩍번쩍 번개와 우르르쾅쾅 천둥도 끔찍해요. 엄마는 그런 제 마음을 미리 알고 비가 오면 무섭냐고 물어봐줘요. 오늘은 엄마와 같이 잘래요.

오늘의 표현 **be scared** 무서워하다

오늘의 응용 **Are you scared of the thunder?**
천둥이 무섭니?

Jinny

That cannot be true!

그게 진짜일 리 없어요!

Jinny 엄마는 한국에서 어린 시절을 시골에서 자란 얘기를 많이 해줘요. 특히 반딧불이들이 정말 많았다는 얘기를요. 반딧불로 책을 읽을 수도 있었대요. 정말일까요?

오늘의 단어 **true** 사실인, 진짜인

오늘의 응용 **That could be true if you are not lying.**
네가 거짓말쟁이가 아니라면 그건 진짜겠네.

Anna

Give me a hug!

안아줘!

Jinny 언니는 등교할 때, 기쁠 때, 슬플 때, 저랑 싸우고 화해할 때 다정하게 자신을 안아달라고 말해요. 그러면 저는 언니가 얼마나 저를 소중하게 생각하는지 느껴요. 저도 언니한테 더 자주 안아달라고 말할 거예요.

오늘의 단어　　**hug**　포옹

오늘의 응용　　**Give your Daddy a hug!**
　　　　　　　　아빠 안아주자!

17th

December

Anna

Hooray!

만세!

Anna 생일의 하이라이트는 누가 뭐라고 해도 선물이 아니겠어요? 가족과 친구들이 어떤 선물을 할지 매년 궁금해서 견딜 수가 없어요. 이번 생일엔 엄마 아빠가 피아노를 사주셨어요. 너무 기뻐서 만세를 몇 번이나 외쳤답니다!

오늘의 단어 hooray 만세

오늘의 응용 **Hooray! It's your birthday today, let's celebrate!**
만세! 오늘 네 생일이야! 축하해!

12th
January

Anna

I'm in for the party.

오늘 파티에 갈 거야.

Mummy 안나가 오늘 친구네 생일 파티에 가기로 했어요. 지니는 초대받지 못했지만 가고 싶어 하는 눈치네요. 그래서 제가 안나에게 슬쩍 지니한테 파티에 같이 가자고 물어보면 어떻겠냐고 했어요. 지니가 좋아하겠죠?

오늘의 표현 **I'm in** 참여하다

오늘의 응용 **I'm in for the game.**
나도 그 경기에 참가할 거야.

**I finished painting the room.
What do you think?**

방 페인트칠 다 끝냈어요. 어떤 것 같아요?

**Wow, it's impressive!
The room looks so vibrant and fresh.**

와, 인상적인데! 방이 생기 넘치고 상쾌해 보여.

**I'm impressed.
I need to think which gallery
to bring this great job.**

대단한걸. 이 엄청난 작품을 어떤 갤러리에
전시해야 할지 고민해 봐야겠는걸.

**I like your painting!
But I found a spot on the painting.**

나도 맘에 들어! 그런데 나 여기 얼룩 하나 찾았어.

Review Day

★ **How about we have a movie night today?**

오늘 밤에 영화 보는 거 어때?

★ **You got the answer right, but it's not quite perfect.**

정답이기는 한데, 완벽하지는 않아.

★ **Are you scared?**

무섭니?

★ **Give me a hug!**

안아줘!

★ **I'm in for the party.**

오늘 파티에 갈 거야.

★ **It's impressive!**
인상적인데!

★ **Can you bring me a blanket?**
담요 좀 가져다줄 수 있어요?

★ **I can't afford it.**
나 이거 못 사.

★ **You are full of it!**
허풍이 심하네!

★ **I have a spot on my shirt.**
셔츠에 얼룩이 묻었어.

14th
January

How about having a movie night tonight?
I found a great movie to watch.
오늘 밤은 무비나잇 어때? 볼 만한 좋은 영화를 찾았어.

What movie is it?
무슨 영화예요?

I am scared of horror movies.
나는 공포 영화는 무서워요.

Don't worry, we'll be there with you.
If you get scared, just give me a hug.
걱정하지 마, 다 같이 있잖아.
무서우면 아빠를 꺼안으렴.

I have a spot on my shirt.

셔츠에 얼룩이 묻었어.

Mummy 저희 부부가 매일 아이들한테 하는 말은 "조심해라.", "주위를 살펴라.", "깔끔하게 하고 다녀라."라는 말인데요, 어른인 저희도 자주 실수를 해요. 음식을 먹다가 옷에 흘리는 경우가 대표적이죠. 참, 저 얼룩을 어떻게 지워야 할까요?

오늘의 단어   **spot**   얼룩

오늘의 응용   **You have a spot of ketchup on you.**
너 케첩 얼룩이 묻었어.

15th
January

Mummy

I will think about it.

한번 생각해볼게.

Jinny 요즘 엄마는 너무 바빠요. 제가 수영이 너무 하고 싶어서 엄마한테 이번 주말에는 수영하러 가는 게 어떻겠냐고 물어봤어요. 엄마는 한번 생각해보겠다고 말했는데, 꼭 수영을 하러 가게 되면 좋겠어요!

오늘의 표현 **I will think about~** ~에 대해 생각해볼게

오늘의 응용 **I will think about your suggestion.**
너의 제안을 고민해볼게.

Jinny

You are full of it!

허풍이 심하네!

Anna 지니가 어딘가에서 "허풍이 심하네!"라는 말을 배워 왔어요. 요즘 제가 무슨 말만 해도 허풍이 심하다고 놀리는 거 있죠. 물론 제가 5단 케이크를 만들 수 있다고 했던 말은 누가 들어도 허풍이긴 했지만요.

오늘의 표현 **be full of it** 허풍 떨다

오늘의 응용 **Don't be full of it.**
허풍 떨지 마.

16th
January

Daddy

I think your cookie is brilliant.

네가 만든 쿠키 정말 맛있다.

Jinny 저는 집에서 빵 만드는 걸 좋아해요. 재료를 하나하나 저울로 재서 섞고 오븐 안에 넣고 예쁘게 부풀어 오르는 모습을 보는 게 즐거워요. 제가 만든 것 중에 우리 아빠가 제일 좋아하는 건 쿠키랍니다.

오늘의 단어 **brilliant** 훌륭한, 뛰어난

오늘의 응용 **Your fashion is brilliant today!**
오늘 패션 훌륭한걸!

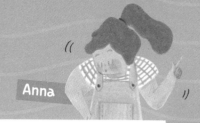

Anna

I can't afford it.

나 이거 못 사.

Anna 친구와 쇼핑센터에서 놀다가 마음에 드는 옷을 발견했어요. 그런데 가격이 제가 모아놓은 용돈을 훨씬 웃도는 거예요. 적어도 네 달은 더 모아야 할 것 같았어요. 이럴 바엔 그냥 제가 만들어 입는 게 더 빠르겠어요.

오늘의 단어   **afford** 여유가 되다

오늘의 응용   **Can we afford a new car?**
우리 새로운 차 살 수 있어?

Have a go at this puzzle.

이 퍼즐 한번 도전해봐.

Jinny 아빠는 항상 제가 새로운 도전을 하게 만들어요. 저번에는 스키를 가르쳐줘서 정말 재밌었어요. 오늘은 아빠가 이상한 퍼즐을 들고 오셨어요. 쉽지 않을 것처럼 보이는데 아빠는 제가 분명 풀 수 있을 거라고 용기를 주네요!

오늘의 표현 **have a go at** 한번 시도해보다

오늘의 응용 **I'll have a go at decorating the room.**
내가 한번 방을 꾸며볼게.

Can you bring me a blanket?

담요 좀 가져다줄 수 있어요?

Daddy 이번 출장은 지니와 함께 왔어요. 출장지는 스코틀랜드 쪽인데, 우리 집이 있는 지역보다 훨씬 북쪽이죠. 그러니 기온이 떨어져서 추워진 게 확 느껴졌어요. 지니도 출장에 따라다니는 내내 담요를 찾네요.

오늘의 단어 **bring** 가져오다

오늘의 응용 **Can you bring me my glasses?**
내 안경 좀 가져다줄 수 있어요?

Anna

Your drawing is so awesome!

네가 그린 그림 정말 멋지다!

Jinny 오늘 학교에서 로봇을 주제로 그림을 그렸는데요, 친구들이 제 로봇이 로봇 같지 않다고 그래서 기분이 안 좋았어요. 그런데 집에 오니까 언니가 제 그림이 정말 멋지다고 칭찬하는 거예요. 그래서 다시 기분이 좋아졌어요!

오늘의 단어 **awesome** 멋진, 대단한, 엄청난

오늘의 응용 **The view here is so awesome!**
여기 경치가 정말 멋지다!

It's impressive!

인상적인데!

Anna 제 친구 앨리가 미술 시간에 멋진 그림을 그렸어요. 그런데 그 애는 자기가 그림을 너무 못 그렸다고 자책을 하는 거예요. 그래서 제가 미술 선생님인 저희 아빠한테 물어봐주기로 했어요. 두고 보세요. 우리 아빠는 이 그림이 대단하다고 할걸요?

오늘의 단어   **impressive**   인상적인, 인상 깊은

오늘의 응용   **The performance was pretty impressive.**
그 공연은 아주 인상적이었다.

Mummy

You need to eat vegetables.

야채를 먹어야 해.

Anna 제가 제일 좋아하는 음식은 피자와 떡볶이에요. 엄마는 그런 제게 항상 야채를 먹으라고 말하죠. 그래야 건강해진다는데, 사실 저는 피자와 떡볶이만 먹어도 건강할 수 있거든요? 그래도 엄마를 속상하게 하고 싶진 않으니까 야채를 조금 먹어봐야겠어요.

오늘의 표현   **You need to~** ~해야 한다

오늘의 응용   **You need to go to bed.**
이제 자러 가렴.

You're going to participate in the swimming competition tomorrow. Give it your all!

내일 수영 대회에 참가하겠네. 최선을 다해봐!

I will do my very best and aim for first place.

최선을 다해서 1등을 노려볼 거예요.

Remember, dear, be careful of the slippery floor.

잊지 말고, 미끄러운 바닥 조심해.

You have nothing to worry about. We're here to support you all the way.

아무것도 걱정할 게 없어. 우리는 너를 계속 응원하며 곁에 있을 거야.

★ **I will think about it.**
한번 생각해볼게.

★ **I think your cookie is brilliant.**
네가 만든 쿠키 정말 맛있다.

★ **Have a go at this puzzle.**
이 퍼즐 한번 도전해봐.

★ **Your drawing is so awesome!**
네가 그린 그림 정말 멋지다!

★ **You need to eat vegetables.**
야채를 먹어야 해.

★ I have prepared more than enough food.

음식은 넉넉하게 준비했어.

★ The floor is slippery.

바닥이 미끄러워.

★ Blow your nose.

코 풀어.

★ Do your very best.

최선을 다해.

★ There's nothing to worry about.

아무것도 걱정할 것 없어.

21st
January

Kids, I need some quiet time to finish my work report.

얘들아, 아빠 보고서 쓰려면 조용한 시간이 필요해.

But Dad, can we play tennis outside? Please.

하지만 아빠, 우리 밖에서 테니스 치면 안 돼요? 제발요.

Go on. It'll be awesome to spend some quality time together.

한 번만 들어주자. 같이 즐거운 시간 보내면 정말 좋잖아.

Yeah, Dad, we love playing tennis with you.

맞아요, 아빠, 우리는 아빠랑 테니스 치는 게 너무 좋아요.

Anna

There's nothing to worry about.

아무것도 걱정할 것 없어.

Jinny 어릴 때 새벽에 자다가 깼는데 엄마 아빠가 없었어요. 너무 무서워서 언니를 깨워서 엄마 아빠를 찾으러 나가자고 했어요. 그때 언니는 저를 꼭 안아 주면서 자기가 있으니 괜찮다고 했어요. 덕분에 더 이상 무섭지 않았어요. 지금도 종종 그때 생각이 나요.

오늘의 단어 worry 걱정하다

오늘의 응용 Don't be nervous. There's nothing to worry about.

긴장하지 마. 아무것도 걱정할 것 없어.

A pinch of salt, please.

소금 한 꼬집만 넣어줘.

Anna 아빠와 함께 만든 파스타는 세상에서 제일 맛있어요. 그중에서도 까르보나라는 부드럽고 고소해서 저와 지니가 매일 먹자고 조르는 메뉴예요. 언젠가는 저도 아빠 도움 없이 까르보나라를 만드는 날이 오겠죠?

오늘의 표현 a pinch of~ ~한 꼬집

오늘의 응용 **A pinch of pepper, please.**
후추 한 꼬집 넣어줘.

Do your very best.

최선을 다해.

Anna 피아노 콩쿠르를 준비하면서 많은 일이 있었어요. 손가락이 잘 벌어지지 않아서 절대 못 칠 것 같던 부분이 연습으로 가능해졌어요. 또 손가락에 가시가 박혀 부상당한 채로 연습하기도 했죠. 하지만 결국 오늘이 왔어요. 최선을 다하고 무대에서 내려오겠어요!

오늘의 표현 **do one's very best** 최선을 다하다

오늘의 응용 **I promise I'll do my very best.**
나 약속할게. 나 최선을 다할 거야.

Daddy

Any news from Theo?

테오한테 소식 들은 거 있니?

Anna 오늘은 오랫동안 기다렸던 사촌, 테오 오빠가 집에 오는 날이에요. 아빠도 테오를 오랜만에 봐서 그런지 테오가 언제 도착하는지 가족들한테 수시로 물어보더라고요. 저도 오빠가 오면 어떻게 놀지 다 생각해놨어요!

오늘의 표현　**Any news from~?**　~한테 소식 들은 거 있니?

오늘의 응용　**Any news from Mummy?**
Didn't your Mum call?

엄마한테 들은 거 없니? 엄마한테 전화 안 왔어?

Mummy

Blow your nose.

코 풀어.

Jinny 감기에 걸렸어요 콧물이 계속 나네요. 방에서 숙제를 할 때도, 가족들과 테이블에서 식사를 할 때도 줄곧 훌쩍거리고 있었어요. 엄마는 코를 풀라고 하지만 풀어도 풀어도 콧물이 계속 생겨나는걸요.

오늘의 표현   blow one's nose 코를 풀다

오늘의 응용   **You have a runny nose.**
Here, blow your nose.

콧물이 나네. 여기, 코 풀어.

Mummy

We're going on holiday next week!

다음 주에 우리 휴가 갈 거야!

Jinny 다음 주에 가족들과 휴가를 간다는 소식을 듣고 얼마나 기대가 되는 지 몰라요. 언니랑 휴가 때 뭘 가져가야 할지 얘기하는 것만으로도 1시간이 훌쩍 지났어요. 한 번도 가본 적 없는 곳으로 간다는데, 얼마나 재밌을까요! 상상만 해도 신이 나요!

오늘의 단어 holiday 휴가

오늘의 응용 **We're going on holiday next month.**
우리 다음 달에 휴가 갈 거야.

The floor is slippery.

바닥이 미끄러워.

Anna 스쿨버스에 탄 순간부터 화장실에 너무 가고 싶었어요. 땀이 삐질삐질 나는 거예요. 집에 들어오자마자 화장실로 뛰어갔어요. 그때 지니가 화장실 청소한 지 얼마 안 됐다며 바닥이 미끄럽다고 알려줬어요. 다행히 경고를 듣고 화장실에 들어가서 조심할 수 있었어요.

오늘의 단어   slippery 미끄러운

오늘의 응용   **We just wiped the floor, so it might be slippery.**
우리가 방금 바닥을 닦아서 미끄러울지도 몰라.

Anna

Are you mad at me?

너 나한테 화 많이 났어?

Anna 오늘 친구 킴이 같이 자전거를 타자고 연락이 왔어요. 쿠키를 구워서 지니한테 맛보여주기로 했는데 왠지 오늘은 자전거를 더 타고 싶은 거 있죠. 지니가 쿠키를 못 먹는다는 걸 알면 화를 많이 낼 것 같아요.

오늘의 단어 **mad** 몹시 화가 난

오늘의 응용 **He got mad and walked out.**
그는 화를 몹시 내더니 나가버렸어요.

3rd December

Anna

I have prepared more than enough food.

음식은 넉넉하게 준비했어.

Anna 엄마 생일 파티 준비를 위해서 알람을 맞춰두고 새벽부터 일어났어요. 총 5가지 음식을 하기 위해 주방의 모든 도구들을 동시에 쓸 거예요. 엄마한테는 파티가 시작되기 전에 절대로 주방에 들어오지 말라고 했어요. 엄마는 오늘 배가 터질 각오를 해야 돼요.

오늘의 표현 **more than enough** 넉넉한, 충분한

오늘의 응용 **This is more than enough to share with my friends!**

이 정도면 친구들이랑 나눠 먹기에 넉넉해요.

Mummy

Enjoy your meal, everyone.

다들 식사 맛있게 하렴.

Anna 오늘은 엄마가 저녁 식사에 초대된 제 친구 로사를 위해 특별히 치킨 파이를 만들었어요. 치킨 파이는 제가 좋아하는 요리이기도 해요. 푸짐한 음식 을 제가 제일 좋아하는 친구와 함께 먹을 생각을 하니 행복해요.

오늘의 단어   **meal** 식사

오늘의 응용   **Did you enjoy your meal?**
식사 맛있게 했어?

2nd December

What do you want to watch on movie night? I'll let you handle that part.

이번 무비나잇에 뭐 보고 싶어? 네가 결정하게 해줄게.

Ok, but I need a new pair of shoes to go to the cinema. These ones are worn out.

네, 근데 영화관에 가려면 새 신발이 필요할 것 같아요. 이 신발은 다 닳았어요.

I also have a few bits and bobs to take care of before we leave.

나도 영화관 가기 전에 해야 할 일이 좀 있어.

Then I reckon we better have movie night tomorrow.

그럼 제 생각에 영화는 내일 보는 게 좋을 것 같아요.

27th
January

Review Day

★ **A pinch of salt, please.**
소금 한 꼬집만 넣어줘.

★ **Any news from Theo?**
테오한테 소식 들은 거 있니?

★ **We're going on holiday next week!**
다음 주에 우리 휴가 갈 거야!

★ **Are you mad at me?**
너 나한테 화 많이 났어?

★ **Enjoy your meal, everyone.**
다들 식사 맛있게 하렴.

★ **I'll let you handle that part.**
그건 네가 결정하게 해줄게.

★ **I need a new pair of shoes.**
새 신발이 필요해요.

★ **I have a few bits and bobs to take care of.**
처리할 일이 몇 가지 있어.

★ **Watch out!**
조심해!

★ **I reckon to finish by 10 O'Clock.**
10시까지는 끝낼 것 같아요.

Dinner is almost ready. I just need to add a pinch of salt to the soup.

저녁 준비 거의 다 됐다. 스프에 소금 한 꼬집만 넣으면 돼.

Mum, will you be mad if I invite Evelyn this Saturday?

엄마, 이번 주 토요일에
우리 집에 에블린 초대하면 화내실 거예요?

If her parents agree, you can have a fun day together.

에블린 부모님이 허락하신다면 같이 재밌는 시간 보내렴.

Alright, let's eat! Enjoy your meal, everyone!

좋아, 먹자! 다들 식사 맛있게 해!

December

12월

Anna

This is the best time to take a walk.

지금이 산책하기 제일 좋은 시간이에요.

Daddy 오늘 날씨가 좋아서 오후에 안나와 산책하기로 했는데, 책을 읽다 보니 어느새 오후가 되었네요. 안나는 지금이 제일 좋은 시간이라면서 얼른 책을 덮고 밖으로 나가자고 보채고 있어요. 이제 일어나 봐야겠죠?

오늘의 단어   walk 산책하다

오늘의 응용   **We went for a walk in the park.**
우리는 공원에 산책을 다녀왔어요.

30th
November

Anna

I reckon to
finish by 10 0'Clock.

10시까지는 끝낼 것 같아요.

Daddy 잠들기 전에 화장실을 다녀오는데 안나의 방에 아직도 불이 켜져 있네요. 오늘 급한 숙제가 있다더니 여태 그걸 하고 있나 봐요. 미리미리 했으면 좋았을 텐데요. 계획대로 10시까지 딱 끝내고 푹 자기를 바란다.

오늘의 단어   **reckon**   생각하다, 여겨지다, 예상하다

오늘의 응용   **I reckon it's worth it.**
내 생각에 이건 그만한 가치가 있어.

30th January

Jinny

I am sorry, I had a nightmare.

미안하지만 나 악몽을 꿨어요.

Jinny 저는 겁이 많아서 공포 영화도 싫어해요. 그런데 무서운 꿈을 꾸면 중간에 멈출 수도, 고개를 돌릴 수도 없어서 너무 무서워요. 그럴 때는 엄마를 깨워서 안아달라고 말해요. 미안하지만 무서워서 어쩔 수 없어요.

오늘의 단어   nightmare   악몽

오늘의 응용   **Daddy is having a nightmare.**
아빠는 무서운 꿈을 꾸고 있어요.

Mummy

Watch out!

조심해!

Jinny 엄마 친구 제니 이모가 자기 집에 저희 가족들을 초대했어요. 이모네 집에는 어디에나 식물이 있어서 신기했어요. 푸른 풀과 울긋불긋한 꽃들이 가득해서 구경하느라 시간 가는 줄 몰랐어요. 엄마는 제가 꽃병을 엎을까 봐 조심하길 당부하느라 바빴지만요.

오늘의 표현 **watch out** 조심해라

오늘의 응용 **Watch out! Slow down!**
조심해! 천천히 가!

31st January

Anna

Can I have a boiled egg, please?

달걀 삶아줄 수 있나요?

Anna 아빠는 가끔 달걀을 삶아주시는데요, 그때마다 항상 반숙으로 할지 완숙으로 할지 물어 보세요. 저는 항상 반숙이 좋은데, 아빠는 기억을 하시는 건지 못하시는 건지 계속 물어보세요. 어쨌거나 달걀은 맛있어요!

오늘의 표현   **boiled egg**   삶은 달걀

오늘의 응용   **How would you like your egg?**
달걀 어떻게 삶아줄까요?

Daddy

I have a few bits and bobs to take care of.

처리할 일이 몇 가지 있어.

Anna 무비나잇을 하기로 한 날인데 아무리 기다려도 아빠가 퇴근하시지 않네요. 전화해보니 처리해야 할 일이 몇 가지 있다는 말만 두 번을 들었어요. 어쩌면 오늘 무비나잇은 취소될 수도 있을 것 같아요.

오늘의 표현 **bits and bobs** 이런저런 것들, 잡다한 것들

오늘의 응용 **I have all my bits and bobs ready for my art project.**
미술 과제에 필요한 이런저런 것들이 다 준비됐어요.

February

Anna

I need a new pair of shoes.

새 신발이 필요해요.

Mummy　아이들은 신발 바꿀 일이 참 많아요. 발이 점점 커지는 건 말할 것도 없고, 여기저기 뛰어놀기 때문에 빨리 헐기도 하죠. 안나 신발을 보니 신발 옆에 구멍이 뚫려서 흙이고 물이고 다 들어오겠어요. 얼른 바꿔줘야겠네요.

오늘의 표현　**a pair of shoes** (한 켤레의) 신발

오늘의 응용　**Can I get this pair of shoes?**
　　　　　　　이 신발 사도 돼요?

Could you pass the pepper, please?

후추 좀 건네줄래요?

Mummy 한국에서는 대체로 다른 사람을 귀찮게 하지 않으려고 직접 손을 뻗어 식탁에 있는 물건을 가져와요. 그런데 영국에서는 다른 사람에게 건네 달라고 부탁하는 것이 에티켓이랍니다. 서로가 서로에게 필요한 걸 요청해요.

오늘의 표현 **Could you pass~** ~좀 전달해줄래?

오늘의 응용 **Could you pass me balsamic vinegar/ olive oil/ketchup/mustard, please?**
발사믹 식초/올리브유/케첩/머스터드 좀 건네줄래요?

Mummy

I'll let you handle that part.

그건 네가 결정하게 해줄게.

Jinny 엄마와 공원을 거닐었어요. 저는 산책 나온 강아지들이 너무 귀여워서 엄마한테 우리도 강아지를 기르자고 졸랐죠. 엄마는 그건 안 되지만 오늘 저녁 메뉴만은 제가 결정하게 해주겠대요. 이렇게 말을 돌리다니요.

오늘의 단어　　handle　다루다, 처리하다

오늘의 응용　　**Can you handle it?**
　　　　　　　　처리할 수 있겠어?

Mummy

Cheer up! We all have bad days.

힘내! 누구에게나 잘 안 풀리는 날이 있잖아.

Jinny 오늘 학교에서 가방을 열어보니 분명히 챙겼던 책이 안 보여서 정말 속상했어요. 집에 와서 다시 뒤져봐도 찾을 수가 없어서 울적하게 앉아 있으니까 엄마가 다가와서 위로해주었어요. 조금 기분이 풀린 것 같아요.

오늘의 표현 **bad days** 안 좋은 날, 힘든 날

오늘의 응용 **Don't be sad. Everyone has bad days.**
슬퍼하지 마. 누구에게나 안 좋은 날이 있잖아.

Are your plans still up in the air on this weekend?

주말에 아직 뭐 할지 모르니?

Nope, let me think though.

몰라요, 근데 생각해볼게요.

If you don't have any, how about going to buy some cookies at the shopping center.

아직 없으면, 쇼핑센터에 쿠키 사러 가자.

Oh, how did you know I have a sweet tooth.

오, 제가 단거 좋아하는 걸 어떻게 아시고.

3rd February

Review Day

★ **This is the best time to take a walk.**
지금이 산책하기 제일 좋은 시간이에요.

★ **I am sorry, I had a nightmare.**
미안하지만 나 악몽을 꿨어요.

★ **Can I have a boiled egg, please?**
달걀 삶아줄 수 있나요?

★ **Could you pass the pepper, please?**
후추 좀 건네줄래요?

★ **Cheer up! We all have bad days.**
힘내! 누구에게나 잘 안 풀리는 날이 있잖아.

★ **What's wrong with you?**
무슨 일 있어?

★ **Let me think.**
생각해볼게.

★ **My plans are still up in the air.**
아직 정해진 계획은 없어요.

★ **Daddy isn't answering his phone.**
아빠가 전화를 안 받아요.

★ **You have a sweet tooth.**
너는 단것을 좋아하잖아.

4th February

Dialogue Day

I had a nightmare.
저 악몽을 꿨어요.

We all have bad days sometimes.
Any good ideas for cheering up Jinny?
운수가 좋지 않은 날들이 있지.
뭘 해야 지니가 힘이 날까?

Let's watch her favorite movie together!
지니가 제일 좋아하는 영화를 같이 봐요!

That's a good idea.
그거 좋은 생각이네.

Mummy

You have a sweet tooth.

너는 단것을 좋아하잖아.

Jinny 오늘은 걸스 데이예요 엄마, 언니, 저 이렇게 여자들끼리만 종일 시간을 보내는 날이죠. 이번에는 런던에 있는 소문난 디저트 카페를 찾아왔어요. 들어오기 전부터 줄을 서서 조금 지루했지만, 엄마가 믿을 수 없을 정도로 맛있는 초코케이크를 주문해줬답니다!

오늘의 표현 **sweet tooth** 단것을 좋아함

오늘의 응용 **She has a sweet tooth.**
그녀는 단것을 좋아해.

Daddy

Don't be too hard on yourself.

너 자신을 너무 엄격하게 대하지 마.

Jinny 오늘 학교에서 쪽지 시험을 봤어요. 분명 공부한 내용이었는데 시험지 앞에서 머리가 새하얘지는 거 있죠. 너무 속상해서 종일 기분이 좋지 않았어요. 그래도 아빠의 위로를 받으니 조금 마음이 나아지네요.

오늘의 표현 **be too hard on oneself**
자기 자신을 너무 엄격하게 대하다

오늘의 응용 **When I make a mistake,
I am too hard on myself.**
나는 실수할 때 나 자신을 너무 엄격하게 대해.

Jinny

Daddy isn't answering his phone.

아빠가 전화를 안 받아요.

Mummy 남편이 학교에 급한 일이 생겼는지 주말 아침부터 집을 나섰어요. 아이들은 주말마다 팬케이크를 요리해주던 아빠가 안 보이니까 어리둥절해하네요. 지니는 어느새 전화를 걸어봤나봐요. 지니야, 아빠는 지금 엄청 바빠!

오늘의 표현 **answer the phone** 전화 받다

오늘의 응용 **I called you a couple of times, but you didn't answer the phone.**

너한테 몇 번 전화했는데, 네가 전화를 안 받았어.

Mummy

You're too soft on Jinny.

당신은 지니에게 너무 마음이 약해.

Daddy 오늘은 지니가 친구와 싸우고 와서 혼을 좀 냈어요. 그런데 눈물을 흘리는 지니의 모습에 마음이 약해져서 바로 안아주고 말았어요. 아내는 제가 조금 더 엄격할 필요가 있다고 말하네요. 맞아요, 힘들더라도 가르쳐줄 것은 제대로 가르쳐줘야죠.

오늘의 단어 **soft** 부드러운, 마음이 약한

오늘의 응용 **Stop being too soft on your kids.**
아이들을 너무 마음 약하게 대하지 마.

Anna

My plans are still up in the air.

아직 정해진 계획은 없어요.

Daddy   아이들 방학이 코앞으로 다가왔어요. 언제나처럼 가족 휴가 계획을 짜야겠죠. 그 전에 아이들 일정도 파악하고요. 지니는 방학 때 뭘 할지 빼곡하게 계획해뒀는데 안나는 아직인 것 같아요. 조금 더 기다려야겠어요.

오늘의 표현   **up in the air**   아직 미정인

오늘의 응용   **Our travel plans are still up in the air.**
우리 여행 계획은 아직 미정이야.

Anna

I want to go to a Chinese restaurant

중국 식당 가고 싶어요.

Mummy 외식하는 날은 정말 들뜨는 날이지만 메뉴를 정할 때는 항상 의견이 갈려요. 오늘은 안나의 생일이라 안나에게 선택권을 줬지만, 사실 저는 피자를 먹고 싶었거든요. 하지만 주인공의 말을 들어줘야죠!

오늘의 단어 Chinese restaurant 중국 식당

오늘의 응용 I want to go to an Italian restaurant.
이탈리안 식당 가고 싶어요.

Mummy

Let me think.

생각해볼게.

Jinny 엄마는 한 번 썼던 물건은 꼭 제자리에 두라고 얘기하세요. 언제든 찾을 수 있게요. 그런데 오늘은 엄마가 피크닉 가방을 어디 뒀는지 잊어버렸나 봐요. 그러게 저번에 쓰고 제자리에 뒀어야죠!

오늘의 표현 let me think 생각해볼게

오늘의 응용 **Let me think for a moment before I decide.**

결정하기 전에 잠깐 생각해볼게.

Anna

It's not fair!

불공평해요!

Mummy 우리 아이들은 서로에게 최고의 친구지만, 경쟁 상대이기도 해요. 항상 사이좋게 지내길 바라지만 그건 그냥 엄마의 마음일 뿐이겠죠? 남의 떡이 더 커 보이잖아요. 그래서 "It's not fair."는 아이들이 입에 달고 사는 말이에요.

오늘의 단어 **fair** 공평한

오늘의 응용 **I have to go to bed early,
while Anna stays up late! It's not fair!**

나는 일찍 자야 되는데, 언니는 늦게까지 안 자잖아요!

불공평해요!

What's wrong with you?

무슨 일 있어?

Anna 지니가 말 못할 고민이 있는 것 같아요. 저녁 식사 자리에서 슬픈 얼굴로 아무 말도 하지 않는 거 있죠. 엄마도 그렇게 느꼈는지 제게 넌지시 지니한테 무슨 일이 있는 건지 확인해보라고 하셨어요. 지니야, 무슨 일이니?

오늘의 단어 wrong 틀린, 잘못된

오늘의 응용 **What's wrong with him?**
그에게 무슨 일이 있대요?

Can I go to the toilet, please?

화장실에 가도 돼요?

Daddy 화장실을 표현하는 단어는 많이 있지만 언제, 어디서 말하느냐에 따라서 표현이 조금씩 달라집니다. 격식 있는 자리에서는 "손 닦고 와도 되나요?" 라고 에둘러 말하기도 합니다. 하지만 지니는 아직 어리니까 엄격하게 따지진 않아요.

오늘의 단어   toilet 화장실

오늘의 응용   Excuse me, do you know where the toilet is?

죄송하지만 화장실이 어딘지 아세요?

How about we go out for some fresh air? It's not too crowded in the park.

신선한 공기 마시러 나가는 건 어때?
공원에 사람도 많이 없어.

Sounds good, but this shirt is too tight. Can I change first?

좋아요. 그런데 이 셔츠가 너무 꽉 껴요. 옷 먼저
갈아입어도 될까요?

While Anna changes, I'll turn off the TV.

언니가 옷을 갈아입는 동안, 나는 텔레비전을 끌게.

We're not too busy today. We can take our time.

우리 오늘 별로 바쁘지 않아. 천천히 하자.

★ **Don't be too hard on yourself.**
너 자신을 너무 엄격하게 대하지 마.

★ **You're too soft on Jinny.**
당신은 지니에게 너무 마음이 약해.

★ **I want to go to a Chinese restaurant.**
중국 식당 가고 싶어요.

★ **It's not fair!**
불공평해요!

★ **Can I go to the toilet, please?**
화장실에 가도 돼요?

★ **This shirt is too tight.**

이 셔츠는 너무 꽉 껴요.

★ **Are you not too busy today?**

오늘 너무 바쁘지 않아요?

★ **The school bus is too crowded.**

스쿨버스가 너무 붐벼요.

★ **Julie was a little upset.**

줄리는 좀 속상해했어.

★ **Let's go out for fresh air.**

바람 쐬러 밖에 나가자.

11th
February

"Dialogue Day"

You've been practicing the piano for hours. Don't be too hard on yourself.

피아노 연습을 몇 시간이나 하고 있네.
너 자신을 너무 엄격하게 대하지 마.

But I want to get it perfect for the recital.

하지만 음악회를 완벽하게 준비하고 싶어요.

We might be too soft on you when it comes to setting realistic goals.

너는 현실적인 목표를 정해두었는데, 우리가 너무
쉽게 생각하는 걸 수도 있겠다.

That's true. Let's take a break and go out for dinner.

그런 것 같네.
그럼 우리 조금 쉬었다가 저녁 먹으러 나가자.

Daddy

Let's go out for fresh air.

바람 쐬러 밖에 나가자.

Anna 아침부터 지니와 싸워서 아빠한테 혼났어요. 지니가 얼마나 저를 약 오르게 하던지! 오전 내내 서로 기분이 상해서 방에 박혀 아무 말도 안 하고 있 었죠. 그런데 아빠가 저희를 부르네요. 기분을 풀어주고 싶은 모양이에요.

오늘의 표현 **fresh air** 맑은 공기

오늘의 응용 **Let's go out for fresh air and take a walk in the park.**
밖에 나가서 바람 쐬고 공원에서 산책하자.

Mummy

Here's your pocket money for the week.

여기 이번 주 용돈이야.

Jinny 저는 매주 용돈을 받아요. 원래는 매일 과자를 사 먹었지만 요즘은 조금씩 모으고 있어요. 엄마가 제 돈으로는 뭐든지 사도 좋다고 했는데 갖고 싶은 인형이 생겼거든요. 얼른 돈을 다 모았으면 좋겠어요!

오늘의 단어   pocket money   용돈

오늘의 응용   **What are you going to buy with your pocket money?**
용돈으로 뭐 할 거야?

Julie was a little upset.

줄리는 좀 속상해했어.

Jinny 원래 어제는 저희 가족과 고모네 가족이 오랜만에 만나는 날이었어요. 사촌인 줄리 언니에게 제가 그린 새 만화책도 보여주려고 준비했었죠. 그런데 언니가 감기에 걸렸다지 뭐예요. 만남이 다음으로 미뤄져서 언니도 많이 속상해했어요.

오늘의 단어 upset 속상하게 만들다, 속상한

오늘의 응용 **There's no point to be upset about it.**
속상해할 것 전혀 없어.

Anna

I have a
tummy ache.

배가 아파요.

Daddy 배가 아플 때 어른들은 주로 'stomach ache'라고 하지만 아이들은 'tummy ache'라고 합니다. 배를 의미하는 말 중 tummy가 더 귀여운 말이거든요. 영어에서도 아이들의 말과 어른들의 말은 조금씩 다르답니다.

오늘의 단어   **tummy** 배

오늘의 응용   **My tummy is already full.**
이미 배가 불러요.

14th
November

Anna

The school bus is too crowded.

스쿨버스가 너무 붐벼요.

Mummy 안나는 제 차 조수석에 타는 걸 좋아해요. 옆에 앉아서 단 한 순간도 지루할 틈 없이 이야기를 들려준답니다. 특히 등하교할 때 가능하다면 제 차를 탈 수 없겠냐고 물어봐요. 친구들이 있는 스쿨버스보다 제 차가 더 좋다니 기분이 좋네요.

오늘의 단어 crowded 붐비는, 복잡한

오늘의 응용 **This restaurant is too crowded during the weekends.**

이 식당은 주말엔 너무 붐벼요.

Daddy

Just learn from it and let it go.

실수에서 배우고 잊어버리면 돼.

Anna 학교에 한국 교환학생 친구들이 왔어요. 저도 한국어를 할 줄 알아서 한국 친구들과 대화해볼 생각에 엄청 설렜어요! 그런데 막상 너무 쑥스러운 거예요. 한마디도 제대로 못하고 축 처져서 집에 오니 아빠가 위로해주었어요.

오늘의 표현 **let it go** 잊어버리다, 내버려두다

오늘의 응용 **I'll just let it go and try my best next time.**
그냥 잊어버리고 다음에 최선을 다할 거야.

Jinny

Are you not too busy today?

오늘 많이 바쁘지 않아요?

Daddy 아이들은 항상 놀고 싶어 하고 저도 항상 아이들과 놀아주고 싶어요. 하지만 일이 많아서 아이들에게 미안할 때가 많아요. 고마운 건 아이들도 같이 놀자고 하기 전에 바쁘지 않은지 물어봐준다는 거예요.

오늘의 단어 **busy** 바쁜

오늘의 응용 **He's not too busy, maybe we can schedule the meeting today.**

그 사람은 그리 바쁘지 않아서, 아마 오늘 회의를 잡을 수 있을 것 같아요.

Anna

I'm feeling under the weather today.

오늘 몸 상태가 안 좋아요.

Mummy 원래 오늘은 가족들이 함께 캠핑 가기로 한 날이에요. 그런데 안나가 어제부터 몸이 좀 떨린다고 그러더니 오늘 확실히 감기에 걸려서 캠핑은 취소해야겠어요. 기대하던 캠핑이라 지니가 속상해할 테니 달래주러 가야겠네요.

오늘의 표현 under the weather 몸 상태가 안 좋다

오늘의 응용 I'm feeling a bit under the weather.
몸 상태가 좀 안 좋아요.

Anna

This shirt is too tight.

이 셔츠는 너무 꽉 껴요.

Mummy 아이들은 정말 빨리 자라지 않나요? 옷이 계속 작아져서 항상 새 옷을 사야 해요. 하지만 그거 아세요? 이 과정은 정말 즐거운 일이에요. 아이들이 잘 자라고 성장하는 모습을 보면 큰 행복을 느낀답니다.

오늘의 단어   tight   꽉 조여 있는, 꽉 끼는

오늘의 응용   **These shoes are too tight, I need to exchange them.**
신발이 너무 꽉 껴. 교환해야 해.

Anna

I'm fed up with my sister.

동생 때문에 짜증나요.

Anna 지니는 제 물건을 허락도 받지 않고 가져가서 쓸 때가 많아요. 저번에는 제가 정말 아끼는 곰돌이 모양 지우개를 마음대로 써서 화가 머리끝까지 났다니까요. 왜 아무리 말해도 매번 그러는지 이해가 안 돼요!

오늘의 표현 **fed up with~** ~에 짜증난, 지긋지긋한

오늘의 응용 **I'm fed up with the constant noise from the construction site.**
공사장에서 들리는 시끄러운 소리 이제 지긋지긋해요.

"Dialogue Day"

I'm thinking of joining the debate team, but I'm nervous.

토론동아리에 들어갈까 생각 중이에요.

Keep your chin up. If it's something you're passionate about, go for it!

힘내. 네가 열정을 가지고 있는 거라면, 한번 해봐!

Yeh, You hit the nail on the head with that one. You saw my passion.

네. 맞는 말이에요. 엄마가 제 열정을 봤나 봐요.

But promise me you won't do it just to jump on the bandwagon.

하지만 주변에서 다 하니까 유행을 따라가고 싶은 거라면 하지 않기로 약속해.

★ **Here's your pocket money for the week.**
여기 이번 주 용돈이야.

★ **I have a tummy ache.**
배가 아파요.

★ **Just learn from it and let it go.**
실수에서 배우고 잊어버리면 돼.

★ **I'm feeling under the weather today.**
오늘 몸 상태가 안 좋아요.

★ **I'm fed up with my sister.**
동생 때문에 짜증나요.

★ **Don't bite off more than you can chew.**
너무 욕심내서 무리하지 마.

★ **Keep your chin up.**
기운 내.

★ **You hit the nail on the head.**
딱 적절한 말을 했어.

★ **Don't just jump on the bandwagon.**
유행에 휩쓸리지 마.

★ **Don't let the cat out of the bag.**
이 사실을 알려서는 안 돼.

Dialogue Day

**I have a tummy ache.
Can I have some ginger tea?**

배가 아파요. 생강차 좀 마셔도 돼요?

Of course, I'll make you some.

당연하지, 엄마가 만들어줄게.

**I'm feeling under the weather today,
and I'm fed up with my problems.**

오늘 몸이 안 좋고, 온통 짜증이 나요.

**I understand, but remember,
we're here for you.**

이해해, 하지만 우리가 네 옆에 있다는 걸 잊지 마.

Daddy

Don't let the cat out of the bag.

이 사실을 알려서는 안 돼.

Anna 다음 주에 있을 엄마 생일 파티는 비밀에 부치기로 했어요. 아빠랑 지니는 엄마가 퇴근하기 전에 집을 꾸미고 저는 케이크를 만들 거예요. 엄마가 얼마나 기뻐할지 벌써부터 설레서 배가 막 아플 정도예요.

오늘의 표현 let the cat out of the bag
비밀을 폭로하다

오늘의 응용 Please don't let the cat out of the bag about our weekend getaway.
주말 휴가에 대해서 아무한테도 말하지 마세요.

Jinny

Don't get me wrong.

오해하지 마.

Jinny 누군가 취미나 좋아하는 걸 물어보면 뭐라고 말해야 할지 고민하게 돼요. 저는 축구하는 걸 좋아하는데 동시에 책 읽기나 그림 그리기도 좋거든요? 그래서 저를 오해하지 않게 자세히 얘기해줘요.

오늘의 표현   don't get me wrong   오해하지 마

오늘의 응용   The film was fun, but don't get me wrong, the book is still my favorite.

영화는 재미있었어. 하지만 오해하지는 마.
여전히 원작 책이 제일 좋아.

8th
November

Daddy

Don't just jump on the bandwagon.

유행에 휩쓸리지 마.

Jinny 제 주변 친구들이 기타를 배우기 시작했어요. 기타를 치면서 노래하는 영상을 찍어 SNS에 올리는 게 유행이 되고 있거든요. 사실 처음에는 저도 좀 배우고 싶었지만 아빠 얘기를 들어보니 단순한 유행일 뿐이라는 생각이 들었어요.

오늘의 표현 **jump on the bandwagon**
유행에 휩쓸리다, 시류에 편승하다

오늘의 응용 **Don't just jump on the bandwagon because everyone else is doing it.**
다른 사람이 다 한다고 해서 그냥 유행에 휩쓸리지 마.

20th
February

Mummy

I'm feeling run down.

나 지친 것 같아.

Anna 가족들과 등산을 갔을 때 엄마는 몇 번이나 잠시 쉬었다 가자고 그랬어요. 어른들은 우리보다 몸도 크고 나이도 많은데 항상 더 빨리 지치는 것 같아요. 저는 지금부터 열심히 운동해서 절대 지치지 않는 어른이 될 거예요!

오늘의 표현 **run down** 지치다

오늘의 응용 **I'm feeling run down and need some rest.**
난 지쳐서 휴식이 필요해.

Mummy

You hit the nail on the head.

딱 적절한 말을 했어.

Jinny 엄마는 답을 내는 것보다 좋은 질문을 만들어내는 게 중요하다고 말씀하세요. 궁금한 걸 서슴없이 표현하는 게 중요하다고요. 그래서 저는 궁금하면 참지 않아요. 엄마가 항상 좋은 질문이라고 칭찬해주니까요.

오늘의 표현 hit the nail on the head
핵심을 찌르다, 정곡을 찌르다, 딱 적절한 말을 하다

오늘의 응용 Your explanation hit the nail on the head.
당신 설명이 핵심을 찔렀어요.

Jinny

Please don't let me down.

저를 실망시키지 말아주세요.

Mummy 지니가 학교에서 작은 전시회에 참여해요. 커다란 공룡 모형을 만들었다고 하네요. 저번에도 비슷한 전시회가 있었는데 제가 바빠 못 가는 바람에 지니가 크게 실망했어요. 이번에는 신신당부를 하니 꼭 가야겠어요.

오늘의 표현 **let somebody down** 실망시키다

오늘의 응용 **You'll never let me down.**
나는 절대 네게 실망하지 않아.

Keep your chin up.

기운 내.

Anna 지난 학교 축구 경기에서는 제가 모든 걸 망쳤어요. 경기가 시작하자마자 페널티킥을 내어줘서 뭔가를 해보기도 전에 실점했고, 이후에 퇴장까지 당했죠. 지니의 위로를 들어도 힘이 나지 않아요.

오늘의 표현   chin up 기운 내

오늘의 응용   I'll keep my chin up and study harder for the next one.
기운 내서 다음 시험 열심히 공부할 거예요.

22nd
February

Anna

My plate is too full.

저는 너무 바빠요.

Anna 저는 학교가 끝나면 친구들과 방과 후 활동으로 중국어를 배워요. 집에 오면 바로 가방에서 책을 꺼내 숙제를 하고요. 저녁 시간이 다가오면 엄마, 아빠를 도와서 약속한 집안일을 해요. 제 하루는 너무너무 바쁘답니다.

오늘의 표현 **plate is full** 할 일이 많다, 바쁘다

오늘의 응용 **My plate is full with piano lessons, homework and football practice.**

저는 피아노 수업, 숙제, 축구 연습으로 바빠요.

Mummy

Don't bite off more than you can chew.

너무 욕심내서 무리하지 마.

Anna 갈수록 하고 싶은 게 많아져요. 지금 방과 후 활동으로 하는 것만 해도 축구, 피아노, 프랑스어로 세 가지나 되는데 추가로 미술동아리도 하고 싶은 거 있죠. 엄마는 제 몸이 두 개가 아니니 욕심내지 말래요.

오늘의 표현 **bite off more than you can chew**
너무 욕심을 부리다

오늘의 응용 **Joining three different sports teams might be biting off more than I can chew.**
스포츠팀 세 개에 드는 건 너무 욕심내서
무리하는 것 같아.

Daddy

After you,
please go ahead.

먼저 가, 어서어서.

Jinny 아빠는 어딘가 들어가야 할 때 항상 먼저 문을 열어 가족들이 들어갈 수 있게 해주세요. 문이 확 닫혀서 위험할 수도 있는데 아빠 덕분에 가족들이 모두 안심할 수 있어요. 저도 친구들과 있을 때 문을 잡아주는 든든한 사람이 되고 싶어요.

오늘의 표현 **after you** 먼저 가세요, 먼저 하세요

오늘의 응용 **Would you like to choose first?**
After you.

먼저 골라 볼래? 너 먼저 골라.

I am so proud of you for winning the art competition!

네가 미술 대회에서 우승한 게 너무 자랑스러워!

Your support means a lot to me. You're fun to be around.

언니의 응원이 나한테는 정말 중요해. 언니랑 있으면 항상 재미있어.

Alright, spill the beans, what's your secret to creating such amazing artwork?

좋아, 비밀을 털어놔 봐. 그렇게 멋진 작품을 만들어내는 비밀이 뭐야?

In real-life, talent combined with hard work leads to great achievements like this.

현실에서 재능이랑 노력이 합쳐지면 이렇게 멋진 성과로 이어지는 법이지.

★ **Don't get me wrong**
오해하지 마.

★ **I'm feeling run down.**
나 지친 것 같아.

★ **Please don't let me down.**
저를 실망시키지 말아주세요.

★ **My plate is too full.**
저는 너무 바빠요.

★ **After you, please go ahead.**
먼저 가, 어서어서.

★ **I am proud of you!**
난 네가 자랑스러워!

★ **She is fun to be around.**
언니랑 있으면 재미있어.

★ **I have to spill the beans.**
비밀을 털어놔야겠어요.

★ **It reflects real-life situations.**
이건 현실 상황을 반영하고 있어.

★ **Your grandparents were over the moon.**
할머니, 할아버지께서 아주 기뻐하셨어.

25th
February
Dialogue Day

I'm sorry, but my plate is full, so I won't be able to go out tonight.
미안하지만, 할 일이 너무 많아서 오늘 외출을 못 하겠어.

I'm feeling run down too, and I have a work deadline to meet.
나도 좀 피곤한 데다가 끝마쳐야 할 일이 있어.

It's okay, we can make dinner.
괜찮아요, 우리가 저녁 만들 수 있어요.

That's so sweet of you. We won't let you down next time.
정말 고마워. 다음에는 실망시키지 않을게.

Daddy

Your grandparents were over the moon.

할머니, 할아버지께서 아주 기뻐하셨어.

Jinny   할머니는 제가 무얼 하든 "잘했다.", "고맙다.", "장하다."고 해주세요! 얼마 전에 아빠가 할머니께 제가 만든 미술 작품을 보여드렸더니 엄청나게 기뻐하셨다는 거예요. 할머니께 다른 작품들도 보여드리고 싶어요!

오늘의 표현   **over the moon**   아주 기뻐하다

오늘의 응용   **I'll be over the moon if I win this competition.**

이번 경기에서 이기면 저는 정말 기쁠 거예요.

Anna

Which is the best way to get to the park?

공원으로 가는 가장 좋은 방법이 뭐예요?

Mummy 오늘 안나는 새로 생긴 공원에 가려고 해요. 그런데 공원이 다른 동네에 있고 가는 길에 건널목도 많아서 자전거를 타야 할지 걸어가야 할지 버스를 타야 할지 고민하고 있네요. 저는 버스를 타고 가기를 추천했어요.

오늘의 표현 **the best way** 최적의 길, 가장 좋은 방법

오늘의 응용 **Dad, can you show me the best way to get to the library?**
아빠, 도서관에 어떻게 가는 게 가장 좋아요?

Mummy

It reflects real-life situations.

이건 현실 상황을 반영하고 있어.

Anna 《파리대왕》이라는 소설에서는 어린 소년들이 무시무시한 일을 벌여요. 너무 무서워서 악몽을 꿀 정도였지만 재밌어서 손에서 놓을 수가 없었어요. 엄마는 항상 책 속 등장인물은 가상일지 몰라도 현실을 반영한다 그랬는데, 이런 아이들이 정말로 현실에 있을까요?

오늘의 표현 real-life 현실

오늘의 응용 In real-life, not everyone gets a happily ever after, but we can still find our own happiness.

현실에서 모든 사람들이 평생 행복하게 사는 것은 아니지만, 우리는 우리만의 행복을 찾을 수 있어.

Jinny

I saw a cute puppy at my neighbor's house.

이웃집에서 귀여운 강아지를 봤어요.

Jinny 옆집에 귀여운 새끼강아지 한 마리가 왔어요! 너무 귀여워서 한참을 보고 있었는데 주인 분이 만져봐도 된다고 하셔서 몇 번을 쓰다듬다가 왔어요. 우리 집도 제발 강아지를 키웠으면 좋겠어요.

오늘의 단어 neighbor 이웃, 옆집

오늘의 응용 Let's invite our neighbors over for a barbecue this weekend.

이번 주말 바비큐 파티에 이웃들을 초대하자.

November

11월

Anna

What's for dinner tonight?

오늘 저녁은 뭐예요?

Daddy 안나가 오늘 저녁이 뭐냐고 물어보네요. 며칠 전부터 까르보나라를 먹고 싶다고 넌지시 말해왔는데 짐짓 모르는 척 "글쎄?"라고 하니까 섭섭한 눈치예요. 얼른 까르보나라를 만들어서 저녁 먹으라고 불러야겠네요.

오늘의 단어 **tonight** 오늘 밤

오늘의 응용 **Can we watch a film tonight?**
오늘 밤에 영화 봐도 돼요?

Anna

I have to
spill the beans.

비밀을 털어놔야겠어요.

Anna 지니가 그러는데 아빠가 요즘 새로 해주는 요리가 너무 맛없었대요. 그런데 저도 똑같은 생각을 하고 있었어요. 우리는 더 이상 맛없는 저녁을 먹을 수 없다는 결론을 내렸어요. 이제 아빠에게 우리의 비밀을 털어놓을 거예요.

오늘의 표현   **spill the beans**   비밀을 털어놓다, 실토하다

오늘의 응용   **Tell me about the surprise birthday party. Spill the beans!**

깜짝 파티에 대해 말해주세요. 비밀을 털어놓으세요!

3월

March

Jinny

She is fun to be around.

언니랑 있으면 재미있어.

Anna 지니는 저랑 노는 걸 정말 좋아하는 것 같아요. 세상에서 제가 제일 재 있대요. 언제 어디서든 자기한테 장난을 쳐주기를 기다리는 표정이에요. 저랑 같이 있으면 웃을 준비가 항상 되어 있달까요?

오늘의 표현 be around 같이 있다

오늘의 응용 **We will always be around.**
우리가 항상 곁에 있을 거야.

Jinny

Can you help me put socks on?

양말 신는 거 도와주세요.

Mummy   지니는 가끔 양말 신는 걸 도와달라고 해요. 혼자 충분히 신을 수 있지만 아직은 엄마가 신겨주는 걸 좋아하는 것 같아요. 귀여운 부탁이라서 들어주기는 하지만 언젠가는 이런 부탁도 그만하겠죠? 좀 섭섭하겠어요.

오늘의 표현   **put socks on**   양말을 신다

오늘의 응용   **Don't forget to put your socks on before leaving the house.**
외출하기 전에 양말 신는 거 잊지 마.

Anna

I am proud of you!

난 네가 자랑스러워!

Jinny 저도 언니가 원하는 만큼 제가 숙제에 집중하지 못하는 걸 알아요. 저는 언니처럼 오래 책상 앞에 앉아 있거나 어려운 수학 문제를 척척 풀 수 없어요. 방법이 없는 건 아니에요. 계속 칭찬해주면 공부할 힘이 생겨요.

오늘의 단어   **proud** 자랑스러워하는

오늘의 응용   **I am proud of you for completing the marathon.**

네가 마라톤을 완주해서 자랑스러워.

Anna

I hurt my finger.

손가락을 다쳤어요.

Mummy 안나가 밖에서 친구들과 놀다가 손가락을 다쳐서 왔어요. 그래도 씩씩하게 울지 않고 제게 손가락을 보여주네요. 어디서 다쳤느냐고 놀라는 제 모습이 머쓱할 정도로 담담해요. 얼른 반창고를 붙여주었어요.

오늘의 단어 hurt 다치다

오늘의 응용 **Be careful with the scissors.**
You might hurt yourself.

가위 조심해. 다칠지도 몰라.

**Can't you be serious for a moment?
You are doing maths homework now.**

잠시만이라도 진지하게 생각해볼 수 없어?
너 지금 수학 숙제 중이잖아.

**Don't worry, I can read between the
lines and find the solution.**

걱정 마. 난 답을 찾아낼 수 있어.

Your team work is second to none.

오 너희들 팀워크 최곤데.

**I can see that Jinny is
getting better at maths. Keep it up!**

지니 수학 실력이 점점 좋아지는 게 보이네.
계속 힘내!

★ **Which is the best way to get to the park?**

공원으로 가는 가장 좋은 방법이 뭐예요?

★ **I saw a cute puppy at my neighbour's house**

이웃집에서 귀여운 강아지를 봤어요.

★ **What's for dinner tonight?**

오늘 저녁은 뭐예요?

★ **Can you help me put socks on?**

양말 신는 거 도와주세요.

★ **I hurt my finger.**

손가락을 다쳤어요.

★ **Be serious for a moment.**
잠깐만 좀 진지해 봐.

★ **I can read between the lines.**
나는 말 안 해도 알 수 있어.

★ **Our team's performance was second to none.**
우리 팀 성적은 최고였어.

★ **Your drawing skills are getting better.**
그림 실력이 점점 좋아지고 있네.

★ **Tell me, I'm all ears!**
듣고 있으니까 말해봐!

Which is the best way to get to the shopping mall?

쇼핑몰에 가는 가장 좋은 방법이 뭐니?

Taking the bus. Plus, our neighbor works there, so we can visit her.

버스 타는 거요. 참고로, 우리 이웃이 거기에서 일하니까 보고 오면 되겠네요.

Then can I go with you, but before that, can you help me put my socks on?

그럼 저도 따라가도 될까요? 그런데 그 전에 나 양말 신는 거 도와줄 수 있어요?

Sure, I can help.

그럼, 도와줄게.

Anna

Tell me, I'm all ears!

듣고 있으니까 말해봐!

Jinny 아빠가 이번에 새롭게 만든 요리가 정말 맛있었는데, 미안해서 맛있게 먹었더니 그 요리를 계속 해주더라고요. 이걸 어떻게 아빠한테 얘기해야 할까요? 언니한테 조심스럽게 제 고민을 털어놔봐야겠어요.

오늘의 표현 **all ears** 귀를 기울이고 있는

오늘의 응용 **She became all ears.**
그녀는 귀가 번쩍 띄었다.

Anna

He makes me so happy.

아빠 덕분에 행복해요.

Anna   아빠는 못 하는 게 없어요. 특히 제가 가장 좋아하는 건 아빠가 기타를 칠 때예요. 제가 좋아하는 노래를 악보도 없이 기타로 치면서 노래까지 부르는 걸 보면 너무 신기해서 넋을 놓고 보게 된다니까요.

오늘의 표현   **You make me happy.**   네 덕분에 행복해.

오늘의 응용   **Your drawing makes me happy.**
네가 그린 그림을 보니 행복해.

Mummy

Your drawing skills are getting better.

그림 실력이 점점 좋아지고 있네.

Jinny 요즘은 만화를 그릴 때 어떻게 하면 사람의 옆모습을 더 잘 그릴 수 있을까 고민해요. 맨날 앞모습만 그렸거든요. 옆모습은 더 입체적으로 그려야 해서 난이도가 높아요. 엄마는 제 실력이 나날이 늘고 있다고 칭찬하는데, 열심히 연습한 보람이 있네요.

오늘의 표현 get better 좋아지다

오늘의 응용 **Your piano playing is getting better.**
네 피아노 연주가 점점 좋아지고 있어.

Jinny

I am so excited about our family holiday.

가족 휴가가 너무 기대돼요.

Mummy 지니는 이전부터 계속 프랑스로 여행을 가자고 했어요. 이런저런 사정이 있어서 가지 못했었는데 이번에 좋은 기회가 생겨서 파리에 며칠 있다 오기로 했죠. 지니는 기대가 엄청 큰가 봐요, 벌써 짐을 다 쌌네요!

오늘의 단어 **excited** 신난, 들뜬

오늘의 응용 **I'm excited to see your dance performance.**
네 댄스 공연을 볼 생각을 하니 너무 기대 돼.

Anna

Our team's performance was second to none.

우리 팀 성적은 최고였어.

Anna 올해 축구 대회에서 우리 팀은 첫 경기부터 기세가 좋았어요. 5:0으로 크게 이기고 다음 라운드로 올라갔거든요. 질 거라고 생각한 경기도 모두 손쉽게 이기고 우승해버렸어요. 이런 팀은 제 인생에 다시는 없을 거예요.

오늘의 표현   second to none   최고

오늘의 응용   **Your spaghetti sauce is second to none.**
네 스파게티 소스는 최고야.

Anna

I can't wait for my birthday party.

생일 파티 날이 빨리 왔으면 좋겠어요.

Mummy   이번 안나의 생일에는 조금 특별한 걸 해보기로 했어요. 모두가 해리 포터처럼 마법사 분장을 하고 주문을 외울 때마다 안나의 생일 선물을 하나씩 꺼내는 거죠. 콧물맛 젤리와 지렁이맛 케이크도 준비해뒀으니 안나는 각오하는 게 좋을 거예요.

오늘의 표현   **I can't wait** 기다릴 수 없다, 빨리 했으면 좋겠다

오늘의 응용   **I can't wait to open my presents on Christmas morning.**
얼른 크리스마스 아침에 선물을 열어보고 싶어요.

Jinny

I can read between the lines.

나는 말 안 해도 알 수 있어.

Jinny 오늘 아무리 봐도 언니가 기운이 없어 보이네요. 말을 걸어도 툭툭 단답만 하고, 표정도 웃지를 않아요. 몸이 안 좋은 거 아니냐 물어봐도 괜찮다고 하네요. 하지만 전 알 수 있어요. 언니는 지금 엄청 우울해요!

오늘의 표현 read between the lines
숨은 뜻을 알아보다, 행간을 읽다

오늘의 응용 I can read between the lines.
You're not feeling well, are you?
나는 알아볼 수 있어. 너 기분 안 좋지?

8th
March

Jinny

I really appreciate you helping me.

도와줘서 정말 고마워.

Anna   지니는 어려운 숙제를 할 때 제게 도움을 요청해요. 저는 이미 몇 년 전에 지니가 지금 배우고 있는 것들을 배웠기 때문에 도와주는 게 어렵지 않아요. 그렇지만 지니가 저를 대단하다는 듯이 봐주면 뿌듯하긴 해요.

오늘의 단어   **appreciate**   고마워하다, 감사하다

오늘의 응용   **I really appreciate you cooking dinner for us every day.**
매일 우리를 위해 저녁 식사를 요리해줘서 고마워요.

Be serious for a moment.

잠깐만 좀 진지해져 봐.

Jinny 아무리 생각해도 뉴스는 재미가 너무 없어요. 어른들은 어떻게 매일같이 뉴스를 보는 거죠? 심각하고 불안한 얘기들만 주구장창 나오는데요. 아빠는 제가 채널을 돌리자고 할 때마다 잠깐만 좀 진지하게 보자고 해요. 그치만 뉴스는 진지해도 너무 진지하다고요.

오늘의 단어 serious 진지한

오늘의 응용 **You can't be serious!**
너 설마 진심은 아니겠지!

Anna

Can I bake a birthday cake for Grandma?

할머니 생신 케이크는 제가 구워도 될까요?

Anna 할머니의 생신이 다가오고 있어요. 요즘 제빵을 배우며 쿠키와 케이크를 만들어 보고 있어요. 이제는 만들 수 있는 빵 종류가 10개가 넘어요! 이 정도 실력이면 할머니 케이크는 제가 만들어도 되지 않을까요?

오늘의 단어 **birthday cake** 생일 케이크

오늘의 응용 **Can you help me decorate the birthday cake?**
생일 케이크 꾸미는 거 도와줄 수 있어요?

I think we should go on a family vacation. Are you on the same page?

우리 가족 휴가를 가야 할 것 같아요.
아빠도 같은 생각이에요?

Absolutely! I was just about to suggest the same thing.

완전! 아빠도 방금 같은 제안을 하려고 했어.

Guess what? I drew these tour tickets out of the blue.

그거 알아? 엄마가 예상치 못하게 추첨으로 여행 티켓을 땄어.

That's amazing! Congratulations!

최고예요! 축하해요!

★ **He makes me so happy.**
아빠 덕분에 행복해요.

★ **I am so excited about our family holiday.**
가족 휴가가 너무 기대돼요.

★ **I can't wait for my birthday party.**
생일 파티 날이 빨리 왔으면 좋겠어요.

★ **I really appreciate you helping me.**
도와줘서 정말 고마워.

★ **Can I bake a birthday cake for Grandma?**
할머니 생일 케이크는 제가 구워도 될까요?

★ **I'm having second thoughts.**
다시 생각해보고 있어요.

★ **I'm in hot water.**
나 큰일 났어.

★ **We're in the same boat.**
우리 둘 다 같은 처지야.

★ **We're on the same page.**
우리 의견이 같네.

★ **I received a job offer out of the blue.**
예상치 못한 일자리를 제안을 받았어.

Dialogue Day

Anna, I really appreciate you helping me with my school project.
언니, 숙제하는 거 도와줘서 정말 고마워.

Of course. By the way, can we bake a birthday cake for Grandma?
당연히 도와줘야지. 그나저나 우리가 할머니를 위해서 생신 케이크 만드는 거 어때?

That's a great idea! Let's bake a delicious cake together.
좋은 생각이야! 같이 맛있는 케이크 만들자.

You kids make me happy.
아빠는 너희 덕분에 행복해.

19th
October

Mummy

I received a job offer out of the blue.

예상치 못한 일자리를 제안을 받았어.

Mummy 독일의 대학에서 초빙교수로 와달라는 제안을 받았어요. 얼마나 훌륭한 학교인지 알고 있었던 터라 정말 기뻤죠. 하지만 영국에 있는 가족들을 두고 독일에서 일할 수는 없을 것 같아요. 새로운 도전은 다음 기회에 하는 걸로!

오늘의 표현 **out of the blue** 예상치 못하게, 갑자기

오늘의 응용 **I bumped into our old neighbors out of the blue today.**
오늘 예상치 못하게 예전 이웃이랑 마주쳤어요.

What's the problem?

무슨 일 있어요?

Mummy   오늘은 운전 중에 다른 차와 큰 사고가 날 뻔했어요. 상대방이 제 탓인 것처럼 쏘아붙여서 기분이 좋지 않았어요. 그런데 집에 오니 안나가 제 기분을 알아채고 괜찮냐고 묻네요. 가족의 따뜻함을 느꼈어요.

오늘의 단어   **problem** 문제, 힘든 일

오늘의 응용   **I have a problem with my math homework.**
수학 숙제가 큰 문제예요.

Jinny

We're on the same page.

우리 의견이 같네.

Anna 방에 새 페인트를 칠하기로 했어요. 원래는 분홍색이었는데 저랑 동생 둘 다 분홍색에 질려버렸거든요. 저녁 식사 시간에 가족들하고 색깔을 정하는 회의를 했는데요, 동생과 저 모두 파란색을 선택했어요. 바다에 온 것처럼 꾸밀 거예요!

오늘의 표현 **on the same page** 마음이 통한, 의견이 같은

오늘의 응용 **We're on the same page about the menu.**
우리는 같은 메뉴로 정했어요.

Jinny

I like that dress.

그 드레스 예쁘다.

Anna 친구들과 모두 원피스를 입고 파티를 하기로 했어요. 집에 몇 가지 원피스가 있어서 고민하다가 알록달록 꽃 무늬가 들어간 원피스를 골랐어요. 이리저리 거울을 보고 있었는데 지니가 와서 칭찬을 해주네요!

오늘의 표현 **I like that** 마음에 들다

오늘의 응용 **I really like that new recipe you tried.**
네가 새로운 레시피로 시도한 음식 정말 맛있다.

We're in the same boat.

우리 둘 다 같은 처지야.

Anna 요즘 새로 산 만화책에 푹 빠져서 지니와 종일 책을 읽으면서 놀았어요. 정말 이것만큼 재밌는 게 없는 것 같아요. 그러다 그만 지니랑 저 둘 다 시험을 망쳐버렸어요. 우리는 이제 다시 공부를 해야 돼요. 우리는 같은 배를 탔어요.

오늘의 표현 **in the same boat** 같은 상황에 있는

오늘의 응용 **Both of my friends got detention.**
They're in the same boat.

제 친구 둘 다 벌을 받았어요.
둘은 같은 처지예요.

14th
March

Anna

I was wrong.

제가 잘못했어요.

Daddy 안나가 제빵을 하다가 달궈진 오븐 팬에 손을 데었어요. 비명이 들려서 얼른 달려갔는데 조금 놀라서 아이에게 화를 내고 말았네요. 서두르지 말고 천천히 하라고 몇 번을 말했는데! 안나는 아빠 말을 들을 걸 그랬다면서 잘못했다고 말했어요.

오늘의 단어 wrong 틀린, 잘못한

오늘의 응용 I apologize for blaming you. I was wrong.
너를 탓한 거 사과할게. 내가 잘못했어.

Jinny

I'm in hot water.

나 큰일 났어.

Jinny 주말 동안 해야 할 정말 급한 숙제가 있어서 오늘 아침에 일어나자마자 해야겠다고 생각했어요. 가족들과 아침을 먹으면서도 숙제할 거라고 얘기했죠. 그런데 저, 밤이 되도록 시작도 안 했어요. 어떡하죠? 큰일 났네요.

오늘의 표현 hot water 큰일, 곤경

오늘의 응용 I accidentally broke the vase. I'm in hot water with Grandma.
저 실수로 꽃병을 깼어요. 할머니한테 혼나겠어요.

Mummy

Can you put a 10 minute timer on please?

알람 시계를 10분으로 맞춰줄래?

Jinny 엄마가 파스타를 만들 때는 조수가 필요해요. 국자, 집게와 같은 요리 도구도 꺼내주고 면 삶는 시간을 잴 알람을 맞춰줘야 하거든요. 엄마는 제가 있어서 정말 다행이래요. 정말, 이 집에 제가 없었으면 어쩔 뻔했어요?

오늘의 단어   **timer** 알람 시계

오늘의 응용   **Don't forget to put a 10 minute timer on.**
알람 시계 10분 맞추는 것 잊지 마

15th
October

Anna

I'm having second thoughts.

다시 생각해보고 있어요.

Anna 가족들과 쇼핑을 하러 갔어요. 그런데 너무 마음에 드는 원피스가 있는 것 아니겠어요. 얼른 가족들에게 정말 마음에 드는 옷을 봤다고 말했어요. 그리고 가격표를 보는데, 헉! 너무 비싸잖아요. 다시 생각해봐야겠어요.

오늘의 표현 second thoughts 다시 생각함, 재고

오늘의 응용 I'm having second thoughts about going on the roller coaster.
롤러코스터 타는 거 다시 생각해보고 있어요.

Anna

I missed
the deadline.

기한을 놓쳤어요.

Anna 　조지 오웰의 《1984》를 읽고 에세이를 쓰는 과제가 있었는데, 책을 읽기만 하고 쓰는 건 까맣게 잊어버렸어요. 종일 배드민턴을 치느라 신경 쓰지 못했네요. 선생님께 하루 만에 써서 제출하면 안 되겠냐고 물어보려구요.

오늘의 단어 　**miss** 놓치다, 지나치다

오늘의 응용 　**We don't want to miss
the bus to the concert.**
우리 콘서트 가는 버스 놓치면 안 돼.

14th
October

Kids, tidy up your room.
Your room is messy.

얘들아, 방 좀 정리해. 방이 엉망이다.

Okay, Mum. We will clean up.

알았어요, 엄마. 청소할게요.

Mum, I am going to be late tonight.
I have a school project to finish.

엄마, 저 오늘 밤에 늦을 거예요. 끝내야 하는 학교 프로젝트가 있어요.

Alright, Anna.
Just make sure you take care.

그래, 안나야. 몸 챙기면서 해.

17th

March

★ **What's the problem?**
무슨 일 있어요?

★ **I like that dress.**
그 드레스 예쁘다.

★ **I was wrong**
제가 잘못했어요.

★ **Can you put a 10 minute timer on please?**
알람 시계를 10분으로 맞춰줄래?

★ **I missed the deadline.**
기한을 놓쳤어요.

★ **The sign says do not touch.**
표지판에 만지지 말라고 쓰여 있구나.

★ **Your room is messy.**
방이 엉망이구나.

★ **Check out these books.**
이 책들 좀 보세요.

★ **My picture fell off.**
제 그림이 떨어졌어요.

★ **Take care.**
잘 있어.

18th
March

**Mum, I missed the bus this morning.
Can you give me a ride to school?**

엄마, 오늘 아침에 버스를 놓쳤어요.
학교에 태워줄 수 있어요?

Sorry, Anna, I can't.

미안하지만, 안 되겠구나.

**I should have taken the next bus.
I was wrong.**

다음 버스를 탔어야 했는데. 잘못 생각했네요.

**What's the problem?
I can give you a ride.**

무슨 문제 있어? 아빠가 태워줄게.

Mummy

Take care.

잘 있어.

Jinny 이번 주말에는 엄마 없이 아빠, 언니랑만 시간을 보낼 예정이에요. 셋이 뭘 할지 고민해봤는데요, 제가 제일 좋아하는 중식집에도 가고 아빠의 전시가 열리고 있는 미술관에도 놀러 가기로 했어요. 이번 주말도 금방 가겠죠?

오늘의 표현 **take care** 조심하다, 신경 쓰다, 몸 챙기다, 잘 지내다

오늘의 응용 **I'm leaving for work now. Take care, kids.**
이제 일하러 갈게. 잘 있어, 얘들아.

Jinny

The rules are confusing.

규칙이 헷갈려.

Anna 가끔 지니랑 보드게임을 할 때 규칙이 너무 복잡하면 지니가 이해하지 못해요. 처음에는 잘 플레이하는 척하다가 계속 지고 나서야 규칙을 이해하지 못했으니 무효라면서 억울함을 호소하죠. 하지만 규칙을 다시 알려줘도 제가 계속 이겨요!

오늘의 단어 **confusing** 혼란스러운, 헷갈리는

오늘의 응용 **The goal for this project is confusing.**
이 프로젝트는 목표가 모호해요.

Anna

My picture fell off.

그림이 떨어졌어요.

Daddy 안나가 거실에서 저를 큰 소리로 부르길래 나가보니 벽에 걸려 있던 안나의 그림 액자가 뚝 떨어져버렸네요. 그림대회에 나가서 상을 받은 작품인데 하마터면 높은 곳에서 떨어져 액자가 다 깨질 뻔했어요. 더 튼튼하게 달아야 겠어요.

오늘의 표현 **fall off** 떨어지다

오늘의 응용 **The book fell off the shelf, can you help me pick it up?**
책이 선반에서 떨어졌는데, 집어줄 수 있니?

Anna

It's a total rip-off!

완전히 바가지예요!

Mummy 안나가 최근에 80파운드짜리 새 자전거를 사달라길래 용돈을 모으라고 했어요. 그랬더니 결국 80파운드를 모으더라고요! 그런데 신나서 자전거 가게로 달려가더니 시무룩하게 빈손으로 돌아왔어요. 가격이 100파운드로 올랐다네요. 안나는 그게 완전 바가지래요.

오늘의 단어 **rip-off** 바가지

오늘의 응용 **This restaurant is a rip-off.**
이 식당은 바가지를 씌워요.

Jinny

Check out these books.

이 책들 좀 보세요.

Mummy 지니는 학교에서 만화동아리를 다녀요. 어엿한 선배로서 동아리에 가입한 1학년 후배들에게 만화 그리는 법도 가르쳐주고 있죠. 지니는 이번에 새로운 만화책을 하나 만들었어요. 가족들에게 자랑하고 싶어서 안달이 난 걸 좀 보세요.

오늘의 표현 **check out** (흥미로운 것을) 살펴보다

오늘의 응용 **Hey, check out that car!**
얘, 저 차 좀 봐!

Jinny

Solving this puzzle is as easy as ABC.

이 퍼즐은 풀기가 아주 쉬워요.

Jinny   이번 주 내내 퍼즐 때문에 머리가 너무 아파요. 학교 친구가 저는 절대 못 풀 거라고 하길래 이번 주 안에 풀겠다 호언장담하면서 빌려왔거든요. 그런데 정말 어렵네요. 아무래도 언니 치트키를 또 써야겠는데요.

오늘의 표현   **as easy as ABC** 아주 쉽다, ABC처럼 쉽다

오늘의 응용   **It's as easy as one, two, three.**
이건 숫자를 세는 것만큼이나 쉬워요.

Daddy

Your room is messy.

방이 엉망이구나.

Jinny 미술 과제를 하기 위해서 물감, 본드, 스티로폼을 잔뜩 썼어요. 멋지게 만들어서 미술 선생님인 아빠한테 짠잔 보여줬죠! 아빠는 두 가지에 놀랐어요. 제가 만든 웅장한 작품에, 그리고 어질러진 방 상태에요!

오늘의 단어	**messy** 지저분한, 엉망인
오늘의 응용	**You've left your clothes and books all over. Your room is messy!** 옷이랑 책을 아무 데나 뒀네. 방이 엉망이야!

Anna

I think I'll call it a day and relax.

오늘은 이제 그만 끝내고 쉴래요.

Anna   오늘 피아노 레슨은 평소보다 훨씬 어려웠어요. 손가락을 이마안큼이나 벌려야 칠 수 있는 곡을 배웠거든요. 레슨이 끝나고 나서도 3시간 넘게 연습했는데 어느새 저녁이 되었네요. 그만 끝내고 쉬어야겠어요.

오늘의 표현   **call it a day**   끝내다, 마무리하다

오늘의 응용   **Can I call it a day and go play outside?**
그만 끝내고 밖에 놀러 나가도 돼요?

Mummy

The sign says do not touch.

표지판에 만지지 말라고 쓰여 있구나.

Jinny 엄마와 박물관에 놀러 갔어요. 옛날 영국 왕들이 외국에서 온 귀빈들에게 받은 선물이 가득한 전시였어요. 화려한 장식이 달린 물건들을 보니 저도 모르게 손이 갔어요. 엄마가 말리시지 않았더라면 몇 개 만졌을지 몰라요.

오늘의 단어 **sign** 표지판, 간판

오늘의 응용 **The sign read 'Don't run'.**
표지판에는 '뛰지 마시오.'라고 적혀 있었다.

Jinny

She remains
cool as a cucumber.

그녀는 침착함을 유지하고 있어요.

Mummy 지니는 오이(cucumber)처럼 차가운(cool) 모습이 어떤 상황에도 침착함을 유지하는 것처럼 보인다는 말을 좋아해요. 어디서든 긴장을 많이 하는 지니에게는 최고의 칭찬이나 마찬가지인가 봐요!

오늘의 표현 cool as a cucumber 차분하다, 침착하다

오늘의 응용 I'm cool as a cucumber.
No need to worry.

나는 아무렇지도 않아요. 걱정할 필요 없어요.

Jinny, have you met new neighbor Laura?

지니야, 새로 이사 온 로라 만났었니?

No, not yet

아뇨, 아직요.

She loves cooking. Maybe you two could cook together sometime. It's up to you though. What's your thought?

걔 요리를 좋아하더라. 언제 둘이 같이 요리하면서 노는 것도 좋겠는데. 네가 결정할 문제지만 말이야. 어떻게 생각하니?

That sounds good!

너무 좋은데요!

★ **The rules are confusing.**
규칙이 헷갈려.

★ **It's a total rip-off!**
완전히 바가지예요!

★ **Solving this puzzle is as easy as ABC.**
이 퍼즐은 풀기가 아주 쉬워요.

★ **I think I'll call it a day and relax.**
오늘은 이제 그만 끝내고 쉴래요.

★ **She remains cool as a cucumber.**
그녀는 침착함을 유지하고 있어요.

★ **It's up to you.**
네가 결정해.

★ **What's your thought?**
어떻게 생각해?

★ **Have you met Laura?**
로라 만나 봤어?

★ **Could you lend me some money?**
돈 빌려줄 수 있어?

★ **Call me when you are free.**
시간 날 때 전화 주세요.

Anna, can you explain this concept? It's confusing.

언니, 그럼 이 개념 설명해줄 수 있어? 좀 헷갈려.

Sure. It's as easy as ABC. Let me break it down for you.

당연하지, 이거 엄청 쉬워. 내가 자세하게 설명해줄게.

After this, It's time to call it a day and get some rest.

이거 끝낸 다음에는 마무리하고 좀 쉬자.

Well done, girls. How about going to a mall tomorrow? The jacket we bought last time was a rip-off.

잘하고 있네, 우리 딸들. 우리 내일 쇼핑몰 가는 거 어때? 저번에 산 재킷이 바가지였어.

Anna

Call me when you are free.

시간 날 때 전화 주세요.

Mummy 한국에 학회 일로 출장 왔을 때 일이었어요. 일정을 마치고 집으로 돌아오니 안나로부터 부재중 전화가 5통이 넘게 와 있더라고요. 메신저에는 숙제 때문에 물어볼 것이 있으니 시간 날 때 전화하라고 남겨져 있었어요. 얼른 연락을 줘야겠네요.

오늘의 단어 call 전화하다

오늘의 응용 **Call me when you are free, I have something interesting to tell you.**
시간 날 때 전화해. 재미있는 얘기가 있어.

Anna

I need to crack open a book and study tonight.

오늘 밤에는 책을 펴고 공부해야 해요.

Anna 저녁을 먹으면서 아빠가 오늘 다 같이 영화를 보는 게 어떠냐고 물었어요. 그런데 어쩌죠. 내일 바로 쪽지 시험이 있어서 당장 공부를 해야 될 것 같아요. 이럴 줄 알았으면 미리 공부할 걸 그랬어요.

오늘의 표현   crack open a book   책을 펴다

오늘의 응용   I need to crack open a book and prepare for my presentation.
저 책 펴고 발표 준비할 거예요.

Jinny

Could you lend me some money?

돈 빌려줄 수 있어?

Anna 지니는 저보다 용돈이 적어서 가끔 제게 돈을 빌려요. 친구랑 학교 매점에서 과자를 사 먹고 싶은데 돈이 없거나 할 때가 있잖아요. 항상 기꺼이 빌려줄 수 있을 만큼의 아주 적은 돈이어서 가벼운 마음으로 빌려준답니다.

오늘의 단어 lend 빌려주다

오늘의 응용 **She refused to lend the money to us.**
그녀는 우리에게 돈을 빌려주기를 거부했다.

Jinny

I'm drawing a blank.

기억이 안 나요.

Mummy　오늘은 정말 오랜만에 제 친구의 가족을 만나는 날이에요. 친구의 남편과 자식들도 다 오기로 했어요. 지니는 아마 어릴 때 보고 처음이라 기억을 못 할 것 같네요. 아니나 다를까, 물어보니까 기억이 나지 않는다고 하네요.

오늘의 표현　**draw a blank**　기억이 안 난다, 찾지 못하다

오늘의 응용　**I'm drawing a blank on the answer to this question.**
이 문제 답을 못 찾겠어.

Anna

Have you met Laura?

로라 만나 봤어?

Jinny 언니가 자기 반에 새롭게 전학 왔다는 로라 언니를 소개해줬어요. 프랑스에서 전학을 왔다는데 상냥하고 예뻐서 바로 반해버렸지 뭐예요. 제가 프랑스어를 배운다는 걸 알고 프랑스어로 말도 걸어줬어요. 로라 언니랑 뭘 하고 놀아볼까요?

오늘의 표현 **Have you met~** ~만나 봤어?

오늘의 응용 **Have you met our new neighbor yet?**
새로운 이웃분 아직 안 만나 봤니?

Anna

I need to fill in the blanks.

빈칸을 채워야 해.

Anna 아침에 학교 과학 시간에 숙제를 제출하려고 꺼냈는데 알고 보니 제가 빈칸을 다 안 채워놨던 거 있죠? 하마터면 선생님께 답이 없는 숙제를 냈다고 꾸중을 들을 뻔했어요. 제가 엄마 아빠처럼 더 꼼꼼한 사람이었으면 좋겠어요.

오늘의 단어 blank 빈칸

오늘의 응용 I need your help to fill in the blanks in this crossword puzzle.
이 십자말풀이 빈칸을 채우는 데 네 도움이 필요해.

What's your thought?

어떻게 생각해?

Anna 무언가를 어떻게 생각하냐는 말은 되게 어려운 것 같아요. 특히 아무 생각이 없는데 어떻게 생각하냐고 물을 때요. 그러면 "그냥."이라고 대답하거나 "잘 모르겠어."라고 하는 데 뭔가 잘못된 대답을 하는 것 같아요.

오늘의 단어　thought　생각

오늘의 응용　We could have pizza for dinner.
　　　　　　　　What's your thought?

　　　　　　　　저녁으로 피자 먹을 수도 있는데, 어떻게 생각해?

I'll give it a shot and see how it goes.

한번 해보고 어떤지 볼게요.

Mummy   뭐든지 해보지 않으면 내가 할 수 있는지 없는지, 성공할지 실패할지 몰라요. 해보지 않으면 안전하게 그대로 있을 수 있지만 해본다면 성공이나 실패에서 무언가를 꼭 배우게 되죠. 그래서 저는 우리 딸들이 항상 새롭게 시도할 용기를 가졌으면 좋겠어요.

오늘의 표현   **give it a shot** 시도해보다

오늘의 응용   **I'll give it a shot and do my best.**
저 한번 최선을 다해볼 거예요.

Daddy

It's up to you.

네가 결정해.

Jinny 언니가 피아노를 배우고 있어서 저도 악기를 배우고 싶어졌어요. 아빠는 바이올린도 멋지고 바이올린과 피아노 둘 중 하나를 선택하라고 하셨어요. 저는 둘 다 해보고 싶은데 그건 안 될 것 같아요. 뭘 선택해야 하죠?

오늘의 표현   **up to~** ~에게 달려 있다

오늘의 응용   **Study or play now, it's up to you.**
지금 공부할지 놀지는 네가 결정해.

30th
March

Anna

I have
mixed feelings.

마음이 복잡해.

Anna 어릴 때부터 살던 동네를 떠나 이사하게 되었어요. 친구들도 이웃들도 모두 안녕이에요. 새로운 곳에서 사귈 사람들이 기대되기도 하지만 한편으로는 이곳 친구들을 다시 못 볼 수도 있다는 생각에 마음이 복잡해요.

오늘의 표현　mixed feelings　복잡한 감정

오늘의 응용　I have mixed feelings about the school trip. I'm unsure whether I want to go.

학교 여행에 대해 복잡한 감정이 들어요.
제가 가고 싶은 건지 아닌지 모르겠어요.

10월

October

★ **I need to crack open a book and study tonight.**

오늘 밤에는 책을 펴고 공부해야 해요.

★ **I'm drawing a blank.**

기억이 안 나요.

★ **I need to fill in the blanks.**

빈칸을 채워야 해.

★ **I'll give it a shot and see how it goes.**

한번 해보고 어떤지 볼게요.

★ **I have mixed feelings.**

마음이 복잡해요.

Can I leave notes there and clean up later? I am sleepy.

공책 그냥 거기에 두고 나중에 치워도 돼요? 졸려요.

Sure, I will remember not to throw them away.

그래, 기억했다가 버리지 않을게.

Plus, I will hang out with my friend tomorrow afternoon, is that okay?

그리고 내일 오후에 친구랑 놀 건데, 괜찮아요?

Yes, but make sure you don't be late.

그래, 하지만 늦지 않도록 하렴.

April

★ **That's the reason it was such a great game.**
그래서 정말 좋은 경기였어.

★ **Make sure the flames have all gone out.**
불꽃이 다 꺼졌는지 확인해요.

★ **Don't throw it away.**
이건 버리지 마.

★ **I will drop by after school.**
학교 끝나면 들를게.

★ **I will hang out with my friend.**
오늘 친구랑 놀 거예요.

Anna, it's time to crack open a book and study for your upcoming test.
안나야, 책 펴고 다가올 시험 공부할 시간이야.

I know. Can you help me?
알아요. 엄마 도와줄 수 있어요?

I'll give it a shot.
한번 해볼게.

I'm drawing a blank on the answer to this question.
이 문제에 대한 답은 도통 모르겠어요.

Anna

I will hang out with my friend.

오늘 친구랑 놀 거예요.

Mummy 우리 딸들에게 고마운 점이 많아요. 그중 하나는 항상 어딘가 가기 전에 제게 얘기해주는 거예요. 미리 얘기만 해주면 웬만해서는 안 된다고 하지 않아요. 말도 없이 사라지거나 집에 늦게 돌아오면 걱정하게 되잖아요.

오늘의 표현 **hang out** 놀다, 놀러 다니다

오늘의 응용 **It's a nice day, I will hang out in the park for a while.**

오늘 날씨가 좋아서 잠깐 공원에서 놀 거예요.

2nd
April

Anna

I am leaving for a school trip tomorrow!

내일 학교에서 여행을 떠나요!

Anna 내일은 새로운 학교에서 처음으로 떠나는 수련회 날이에요. 새롭게 친해진 레이첼과 밤에 보드게임을 하기로 했어요. 숙소에는 탁구장이 있대요. 저녁에는 캠프파이어도 즐길 예정이에요. 아아, 기대 돼!

오늘의 단어   leave 떠나다, 출발하다

오늘의 응용   **He's leaving for a business trip tomorrow.**

그 사람은 내일 출장을 떠나요.

Anna

I will drop by after school.

학교 끝나면 들를게.

Anna 학교에서 한 친구와 팀을 이뤄서 한 달 동안 영국 역사에 관한 리포트를 써요. 그래서 앞으로 한 달간만 하교 후 서로의 집으로 가기로 했어요. 오늘은 친구네 집으로 가는 날이에요. 친구가 먼저 하교했는데, 얼른 가봐야겠어요.

오늘의 표현 **drop by** 들르다

오늘의 응용 **I will drop by the bakery and get some bread on the way home.**

집에 가는 길에 빵집에 들러서 빵을 좀 살 거야.

3rd April

Jinny

Safe travels!

여행 안전하게 다녀와!

Jinny 언니가 수련회를 간대요. 언니네 학년은 3일이나 여행을 가더라고요. 언니의 들뜬 모습을 보니까 제가 가는 것도 아닌데 기대가 돼요. 며칠 동안 언니가 없을 걸 생각하니 벌써 허전하기도 하고요. 안전하게 잘 다녀오길 바라요.

오늘의 단어 **safe** 안전한, 무사한

오늘의 응용 **I wish you safe travels on your trip.**
안전한 여행 하길 바랍니다.

26th
September

Mummy

Don't throw it away.

이건 버리지 마.

Jinny 엄마와 아빠가 자주 실랑이를 벌이는 것 중 하나는 뭔가를 버릴 때예요. 아빠는 보통 많이 버리자고 하시고 엄마는 버리지 말자고 하시거든요. 대청소를 할 때 아빠가 문 앞에 뭔가를 내놓으면 엄마는 자주 "그거 버리지 마!"라고 하세요.

오늘의 표현 throw away 버리다

오늘의 응용 **This paper is important,
don't throw it away.**

이 서류는 중요한 거야. 버리지 마.

Let's keep in touch!

계속 연락하고 지내요!

Jinny 엄마가 누군가와 헤어질 때 매번 하는 말은 계속 연락하고 지내자는 말이에요. 헤어짐의 아쉬움을 표현하는 말인 것 같은데, 오히려 이 말을 들으면 아쉬움보다는 따뜻하고 편안한 느낌이 들어요. 제가 가장 좋아하는 말 중에 하나예요.

오늘의 표현 keep in touch 계속 연락하고 지내다

오늘의 응용 **Let's keep in touch
even when we're far apart.**

멀리 떨어져 있어도 계속 연락하고 지내요.

Make sure the flames have all gone out.

불꽃이 다 꺼졌는지 확인해요.

Mummy 날이 따뜻해서 오랜만에 마당에서 바비큐 파티를 했어요. 그릴에 숯을 넣어서 고기를 잔뜩 구웠죠. 숯의 불이 꽤 강력해 보였어요. 지니는 불이 안 꺼진 채로 숯을 버리면 쓰레기통이 다 타버릴 거라며 계속 걱정하고 있어요.

오늘의 표현 make sure 확실하게 하다

오늘의 응용 Make sure you don't drink coke too much.
콜라 너무 많이 마시지 말아라.

Daddy

Keep me in the loop.

나한테도 알려줘.

Anna 내일은 엄마랑 지니랑 셋이서 걸스 데이를 보내기로 했어요. 그야말로 여자들만의 날이죠! 쇼핑도 즐기고 달콤한 디저트도 먹을 계획을 짜고 있어요. 아빠한테는 미안한 일이지만 여자들끼리의 시간도 필요하지 않겠어요?

| 오늘의 표현 | **keep me in the loop** 나한테도 알려줘 |

| 오늘의 응용 | **Please keep me informed about any updates.** |
| | 새로운 일이 생기면 나한테도 알려줘. |

Daddy

That's the reason it was such a great game!

그래서 정말 좋은 경기였어!

Anna 오늘 가족들하고 런던에 아스날 FC 축구팀의 경기를 보러 갔어요. 전반에는 0:2로 지고 있다가 후반에 3:2으로 역전해서 얼마나 통쾌하던지요! 특히나 이 팀의 오랜 팬이었던 아빠가 정말 신나 했어요.

오늘의 단어 **reason** 이유

오늘의 응용 **I'd like to know the reason why you're so late.**
네가 왜 이렇게나 늦었는지 이유를 알고 싶어.

Anna

Don't be sorry.

미안해하지 마.

Jinny 언니가 아끼는 옷에 오렌지 주스를 쏟고 말았어요. 언니 얼굴이 바로 굳어졌어요. 저는 너무 미안해서 금방 울 것 같은 표정이 되었어요. 그런데 언니는 제가 일부러 그런 게 아니라는 걸 안다며 괜찮다고 하네요. 그런 말을 들으니 오히려 더 울 것 같아졌어요.

오늘의 단어   **sorry**   미안한, 아쉬운, 안타까운

오늘의 응용   **It's not your fault, don't be sorry.**
네 잘못이 아니야, 미안해하지 마.

Kids, hurry up! You only have 10 minutes to get ready for school.

애들아, 서둘러! 학교에 가기 전까지 10분 남았다.

Okay, I'll get dressed quickly. I don't want to be late.

네, 빨리 옷 입을게요. 늦고 싶지 않아요.

Before we leave, don't forget to feed the turtle.

나가기 전에 거북이한테 먹이 주는 것 잊지 말고.

And let's make the bed, so the room look tidy.

그리고 침대를 정리하자, 방이 깔끔해 보이게.

7th
April

* **I am leaving for a school trip tomorrow!**
  내일 학교에서 여행을 떠나요!

---

* **Safe travels!**
  여행 안전하게 다녀와!

---

* **Let's keep in touch!**
  계속 연락하고 지내요!

---

* **Keep me in the loop.**
  나한테도 알려줘.

---

* **Don't be sorry.**
  미안해하지 마.

★ **I'm off work for a week.**
한 주 동안 휴가야.

★ **Just try to read as much as possible.**
가능한 한 많이 읽도록 해봐.

★ **Kids, get dressed.**
얘들아, 옷 입어라.

★ **Don't forget to feed the turtle.**
거북이 먹이 주는 거 잊지 마.

★ **Make the room look tidy.**
방이 깔끔해 보이게 만들렴.

**Did you arrive safely in Seoul?
How was the travel?**

서울에 안전하게 도착했어? 가는 길은 어땠어?

**The travel went smoothly,
and I'm already enjoying the city.**

잘 왔고 벌써 도시를 구경하고 있어요.

**Keep in touch with us
and share your experiences.
We want to hear all about it!**

계속 우리한테 연락하고 네 경험을 들려줘. 다 알고 싶어!

**I'm sorry that
we couldn't come here together.**

우리가 여기에 같이 오지 못해서 아쉬워요.

Make the room look tidy.

방이 깔끔해 보이게 만들렴.

Anna 오늘 친구 두 명이 우리 집에서 자기로 했어요. 보드게임도 하고 파자마 파티도 하고 무서운 이야기를 하다가 잠들 생각이에요. 엄마는 친구들이 오기 전에 얼른 청소를 하라고 하시네요. 방을 깔끔하게 만들어둘게요!

오늘의 단어   tidy 깔끔한, 정돈된

오늘의 응용   I made my room look tidy before my friends came over to play.
방이 친구들이 놀러 오기 전에 방을 깔끔하게 정리했어요.

My Lego blocks
fell apart.

레고 블록이 무너졌어요.

Mummy 지난 크리스마스에는 큰맘 먹고 안나가 오랫동안 가지고 싶어 하던 한정판 레고를 사줬어요. 며칠 동안 혼자 끙끙거리면서 열심히 만들었죠. 그런 데 돌아다니다가 그만 거의 다 만든 레고가 무너져버렸어요. 안나는 얼마나 속 상할까요?

오늘의 표현 **fall apart** 흩어지다, 망가지다, 무너지다

오늘의 응용 **My necklace fell apart,
can you fix it for me?**

목걸이가 망가졌는데, 고쳐줄 수 있어요?

20th
September

Don't forget to feed the turtle.

거북이 먹이 주는 거 잊지 마.

Jinny 우리 집 거북이는 많이 먹지 않아요. 조금만 먹이를 넣어줘도 며칠을 버티더라고요. 그렇지만 일주일을 버티는 건 무리예요. 우리 가족이 일주일 동안 휴가를 가기로 했거든요. 미리 먹이를 많이 넣어둬야 할 것 같아요.

오늘의 단어 feed 먹이를 주다, 먹이다

오늘의 응용 Please don't feed the ducks at the lake.
호수에 있는 오리들에게 먹이를 주지 마세요.

Can you help me put this puzzle together?

이 퍼즐 맞추는 거 도와줄 수 있어요?

Daddy 지니는 도움을 요청하는 데 주저함이 없는 아이입니다. 항상 다른 사람의 도움을 받아서 빠르게 무언가를 배워요. 제가 한 번 이렇게 퍼즐 맞추는 걸 도와주면, 지니는 다시 혼자서 시도해보고 결국에는 성공시킨답니다.

오늘의 표현 **put together** 맞추다, 조립하다

오늘의 응용 **Let's put this new furniture together.**
새 가구를 같이 조립하자.

Kids, get dressed.

얘들아, 옷 입어라.

Mummy 주말이지만 저희 부부는 할 일이 많아서 아이들과 놀아줄 시간이 없네요. 아이들은 평소에 둘이서도 잘 놀지만, 오늘은 유독 심심해하는 것 같아요. 친한 이웃이 놀이공원에 갔다는 소식 때문일까요. 아무래도 남편한테 밖에 잠깐 나가는 게 어떻겠냐고 물어봐야겠어요.

오늘의 표현 **get dressed** 옷을 입다

오늘의 응용 **Time to get dressed! We're leaving for the park in 10 minutes.**

옷 입을 시간이야! 10분 뒤에 공원으로 출발할 거야.

Anna

Can you pick me up from school today?

오늘 학교에 저 데리러 와 줄 수 있어요?

Mummy 안나가 오늘 갑자기 방과 후 활동이 생겼다며 자기를 데리러 와달라고 하네요. 커가면서 친구들과의 활동이 늘어가면서 갑자기 이런 부탁을 하는 경우도 많아지는 것 같아요. 흐뭇한 일이긴 하지만 제 일정도 있으니 주의를 해달라고 부탁해야겠어요.

오늘의 표현 **pick up** 데리러 가다, 차로 태워주다

오늘의 응용 **Can you pick me up on your way back home?**
집에 오는 길에 저 태우러 올 수 있어요?

18th
September

Daddy

Just try to read as much as possible.

가능한 한 많이 읽도록 해봐.

Jinny 얼마 전에 자연사 박물관에 다녀와서 공룡에 관심이 더 많이 생겼어요. 특히 익룡에 대해 알고 싶어져서 아빠한테 어떻게 해야 익룡 공부를 할 수 있겠냐고 물어보니, 아빠가 내일 도서관에서 익룡에 대한 책을 가득 빌려오신다고 했어요!

- -

오늘의 단어　　**possible** 가능한, 있을 수 있는

오늘의 응용　　**That's not possible!**
　　　　　　　　그건 불가능해!

Your turn will come in due course.

때가 되면 네 차례가 올 거야.

Jinny 엄마랑 길을 가다가 솜사탕 나눠주는 아저씨를 봤어요. 줄이 정말 길었지만, 엄마를 졸라서 줄을 섰어요. 그런데 아무리 기다려도 제 차례가 안 오는 거예요. 그 와중에 비도 오길래 불평을 하니까 엄마가 나지막이 불평하지 말고 기다리라고 했어요.

오늘의 표현 **in due course** 때가 되면

오늘의 응용 **Don't worry, your promotion will come in due course.**
걱정하지 마, 너는 때가 되면 승진할 거야.

Daddy

I'm off work for a week.

한 주 동안 휴가야.

Anna 아빠가 한 주 동안 휴가를 보내게 됐어요. 다른 가족들은 일정을 맞추지 못해서 함께 시간을 보내진 못하지만 대신 아빠는 일주일 내내 가족들에게 저녁을 해주기로 했어요. 오늘 메뉴는 치킨이라는데 얼른 저녁 시간이 됐으면 좋겠어요.

오늘의 단어 **off work** 일에서 벗어난

오늘의 응용 **Mum took a day offwork to attend the school event.**

엄마는 우리 학교 행사에 참석하기 위해 하루 휴가를 냈다.

I'll call and book a table.

자리를 전화로 예약해둘게.

Anna 오늘은 아빠가 학교에 차로 저를 데리러 오셨어요. 오는 길에 중식 레스토랑에 가고 싶다고 했더니 엄마한테 얘기해보겠다고 하셨어요. 집에 도착한 지 얼마 되지도 않았는데 아빠가 예약하는 소리가 들리고 있어요. 야호, 오늘 저녁은 중식이에요!

오늘의 단어 **book** 예약하다

오늘의 응용 **We should book a table at the new Italian restaurant for our anniversary dinner.**

우리 기념일 저녁을 위해서
새로운 이탈리안 식당을 예약할 거야.

It's the weekend! Let's sleep in and have a lazy morning.

주말이에요! 늦게까지 자고 나른한 오전을 보내야겠어요.

Alright, sleep well, my darlings. Sweet dreams.

그래, 잘 자라, 사랑하는 지니야. 좋은 꿈 꿔.

Ah, wait. I guess I have a homework to do.

아, 잠깐. 저 해야 할 숙제가 있어요.

Don't worry, I remember your homework is due next week.

걱정 마, 네 숙제는 다음 주까지였던 걸로 기억해.

14th
April

Review Day

★ **My Lego blocks fell apart.**
레고 블록이 무너졌어요.

★ **Can you help me put this puzzle together?**
이 퍼즐 맞추는 거 도와줄 수 있어요?

★ **Can you pick me up from school today?**
오늘 학교에 저 데리러 와 줄 수 있어요?

★ **Your turn will come in due course.**
때가 되면 네 차례가 올 거야.

★ **I'll call and book a table .**
자리를 전화로 예약해둘게.

15th
September

Review Day

★ **Where are your manners?**

왜 이렇게 예의가 없니?

★ **You can sleep in a little longer.**

조금 더 늦잠 자도 돼.

★ **My Dad is being so ridiculous recently.**

우리 아빠는 요즘 되게 이상해.

★ **You won the game.**

네가 게임에서 이겼어.

★ **When is your homework due?**

이 숙제 언제까지야?

15th April — Dialogue Day

**What happened to your artwork?
It looks like it fell apart.**
언니 작품에 이게 무슨 일이야? 망가진 것 같아.

**Yes, I had some problems.
But I'll put it together again.**
응, 조금 문제가 있었어. 그런데 다시 다 붙일 거야.

**If you need any help,
just let me know.**
도움이 필요하면 알려줘.

**Thanks, Mum.
I'll get it done in due course.**
고마워요, 엄마. 제가 제시간에 다 끝낼 거예요.

When is your homework due?

이 숙제 언제까지야?

Jinny 수학 숙제를 하고 있어요. 다른 문제는 다 풀었는데 딱 두 문제가 어려워서 너무 고민이 돼요. 결국 언니한테 또 물어볼 수밖에 없을 것 같아요. 언니는 제가 숙제를 들고 가자마자 언제까지 해야 하는 숙제냐고 물어봤어요. 숙제는 내일까지야, 언니!

오늘의 단어 **~due** ~하기로 되어 있는

오늘의 응용 **The report is due next week.**
보고서 마감은 다음 주까지입니다.

16th
April

Anna

I want to look my best.

최고의 모습으로 보이고 싶어요.

Anna   학교에서 매년 열리는 연말 파티가 다가오고 있어요. 작년보다 키가 많이 커서 새 드레스를 사러 쇼핑센터에 왔어요. 그런데 엄마가 선택한 옷과 제가 선택한 옷이 다르네요. 제가 선택한 옷이 저를 가장 돋보이게 할 드레스인데!

오늘의 단어   **best** 최고

오늘의 응용   **Let's dress up for the party and you can look your best.**
파티를 위해 드레스를 입고 네 최고의 모습을 확인해봐.

You won the game.

네가 게임에서 이겼어.

Anna 닌텐도 게임은 온 가족이 즐기기 좋은 것 같아요. 티비 앞에서 다 같이 몸을 움직이다 보면 굳이 밖에 나가지 않아도 땀이 나고 기분이 좋아져요. 물론 제가 맨날 지니한테 이기니까 기분이 좋은 것도 있지만요.

오늘의 표현 **win the game** 게임에서 이기다

오늘의 응용 **I'll improve my football skills and win the game.**
축구 실력을 길러서 경기에서 이길 거야.

I want to find out more about dinosaurs.

공룡에 대해 더 알고 싶어요.

Daddy 지니는 공룡에 관심이 정말 많아요. 그 어려운 공룡 이름을 어떻게 다 외우는지 모르겠다니까요. 하루는 자연사 박물관에 갔는데 너무 집중해서 건드릴 수조차 없었어요. 갈 시간이 되었는데도 한 시간만 더 있다가 가자고 하더라고요.

오늘의 표현   **find out** 알게 되다

오늘의 응용   **I'll find out the answer to the riddle and share it with you.**
이 수수께끼 문제 정답을 알아내서 너한테 알려줄게.

My Dad is being so ridiculous recently.

우리 아빠는 요즘 되게 이상해.

Jinny 아빠가 우리와 내기했다가 져서 벌칙으로 엉덩이로 이름 쓰기를 했어요. 그런데 내기를 안 해도 요즘 아빠는 자주 우리를 웃기시려고 엉덩이로 이름 쓰는 것을 보여주세요. 우리 아빠는 정말 웃기다니까요!

오늘의 단어 **ridiculous** 이상한, 웃기는

오늘의 응용 **I look ridiculous in this hat.**
나 이 모자 쓰니까 우스꽝스러워 보여.

Anna

It's hard to get along with.

같이 어울리기가 힘들어요.

Mummy 안나가 새로운 반 친구들과 어울리기가 힘들다고 어떻게 해야 할지를 묻네요. 들어보니 이전의 친구들과 성향도, 관심사도 모두 다른 것 같아요. 하지만 저는 결국 안나가 지금의 친구들과도 친해질 걸 알아요. 항상 시간이 해결해주는 것들이 있으니까요.

오늘의 표현 **get along with** 사이좋게 지내다

오늘의 응용 **Let's try to get along with our neighbors.**
우리 이웃들과 사이좋게 지내자.

Daddy

You can sleep in
a little longer.

조금 더 늦잠 자도 돼.

Anna 일어났더니 시간이 8시 30분!!! 왜 여태 아무도 저를 안 깨운 건지. 학교에 늦겠어요! 부리나케 화장실에 가서 이를 닦고 옷을 갈아입었어요. 그런데 뭔가 이상하네요. 왜 이렇게 조용하죠? 그때 갑자기 아빠가 제 뒤에 슥 나타났어요. 오늘은 주말이라면서요.

오늘의 표현 **sleep in** 늦잠 자다

오늘의 응용 **I can't wait to sleep in tomorrow.**
내일 늦잠 잘 생각에 설렌다.

Jinny

Oops, I mixed up the paint colors.

앗, 물감 색을 혼동해서 섞어버렸어요.

Daddy 저는 대학에서 미술을 가르치기 때문에 우리 딸들과도 그림을 자주 그린답니다. 아이들의 자유로운 상상력에 감탄할 때가 많아요. 우연히 섞여버린 색깔로도 금방 새롭고 멋진 그림을 그려내요. 지금과 같은 상상력을 언제까지나 잃지 않았으면!

오늘의 표현 **mix up** 혼동하다, 뒤죽박죽으로 만들다

오늘의 응용 **Please don't mix up the name tags on the boxes.**

상자에 있는 이름표를 뒤섞지 마세요.

Where are your manners?

왜 이렇게 예의가 없니?

Jinny 집에 손님들이 많이 초대되었어요. 식사 자리에서 신나게 웃고 떠들던 와중에 제가 정말 좋아하는 공룡 얘기가 나오지 뭐예요. 그때 "Excuse me(실례합니다)."라고 말하고 대화에 끼어들었어야 했는데, 그만 너무 신이 나는 바람에 그 말을 잊어버리고 말았어요.

오늘의 단어　**manner** 예의, 매너

오늘의 응용　**You need to say 'please'.**
That's the manner.

'please'라고 말해야지. 그게 예의야.

Mummy

It's time to make up.

화해할 시간이야.

Jinny 오늘은 친구네 놀러 가는 날이어서 언니한테 언니가 가진 정말 예쁜 머리핀을 빌려달라 그랬는데 언니가 절대 안 된다는 거예요. 그래서 그만 참지 못하고 "바보 언니"라고 해버려서 언니와 싸우고 말았어요. 그래도 언니랑 화해는 해야겠죠?

오늘의 표현 make up 화해하다

오늘의 응용 Let's make up with our friends after the argument.

친구와 싸운 뒤에는 화해를 합시다.

She broke my favorite toy.
How dare she!

언니가 내가 제일 좋아하는 장난감을 부숴 놨어요. 어떻게
이럴 수 있죠!

Be nice to your sister and apologize.
Family needs to stick together.

동생한테 잘해주고 사과해. 가족은 함께해야 해.

But she ruinded my project
that I just completed yesterday.

그렇지만 지니가 제가 바로 어제 완성한 프로젝트를 다 망
쳐놨다구요.

Turn off the TV, and say it clearly.

TV 끄고 제대로 말해보렴.

★ **I want to look my best.**
최고의 모습으로 보이고 싶어요.

★ **I want to find out more about dinosaurs.**
공룡에 대해 더 알고 싶어요.

★ **It's hard to get along with.**
같이 어울리기가 힘들어요.

★ **Oops, I mixed up the paint colours.**
앗, 물감 색을 혼동해서 섞어버렸어요.

★ **It's time to make up.**
화해할 시간이야.

★ **You completed the puzzle so quickly.**
너 퍼즐 정말 빨리 맞췄구나.

★ **Get ready!**
준비해!

★ **How dare you!**
어떻게 그럴 수 있어!

★ **Be nice to your sister.**
동생한테 잘해줘.

★ **I just forgot to turn off my laptop.**
나 노트북 끄는 거 깜빡했네.

How about we dress up and go to the theater tonight? There's a new play.

오늘 저녁에 멋지게 차려입고 극장에 가는 게 어때? 새로운 연극 하던데.

Sounds fun! I'll find out the details.

재미있을 것 같아요! 제가 자세한 정보 알아볼게요.

I'll get our snacks ready for the theatre.

나는 극장에 가져갈 간식을 준비할래요.

What a great day. Now we can enjoy our family outing!

최고의 날이네. 오늘은 가족 외출을 즐겨보자!

7th September

Mummy

I just forgot to turn off my laptop.

나 노트북 끄는 거 깜빡했네.

Jinny 우리 가족은 외출할 때 어댑터의 전원을 꼭 모두 내려요. 전기를 조금이라도 절약해서 지구온난화를 막아야 하지 않겠어요? 오늘은 현관을 나서자마자 엄마가 다시 집으로 급하게 들어갔어요. 노트북 전원을 안 끄고 나온 것 같다고요.

오늘의 표현 **turn off** (전기, 가스, 수도 등을) 끄다

오늘의 응용 **It might turn off.**
이거 꺼질 수도 있겠어.

I'll carry on and try again.

계속해서 다시 시도할 거예요.

Mummy 안나가 처음 중국어를 배울 때가 생각나요. 이에서 바람이 새어 나가는 어떤 발음이 아무리 해도 잘 안 되더라고요. 하지만 안나는 쉽게 포기하는 성격이 아니거든요. 매일같이 일주일 정도를 연습하더니 어느새 자연스럽게 그 발음을 할 수 있었어요.

오늘의 표현 **carry on** 계속하다

오늘의 응용 **Let's carry on with our project and not give up.**
우리 프로젝트를 포기하지 말고 계속해나갑시다.

Daddy

Be nice to your sister.

동생한테 잘해줘.

Anna 동생의 장난감을 망가뜨려서 엄마한테 혼나고 훌쩍대고 있었는데, 아빠가 와서 제 마음을 이해한다고 해줬어요. 잘 생각해보니까 제 레고가 부서진 건 다시 조립하면 되지만 동생의 인형은 고치기가 힘들 것 같아요. 동생에게 사과하러 가야겠어요.

오늘의 표현 **be nice to~** ~한테 잘해주다

오늘의 응용 **Be nice to your new classmate.**
새로 온 반 친구에게 잘해줘.

Jinny

I'm feeling anxious.

나 불안해요.

Daddy 지니는 배가 아플 때나 머리가 아플 때 불안해해요. 이 아픔이 끝나지 않고 지속될까 봐 두려워하는 것 같아요. 하지만 곧 아픔이 사라지면 언제 그랬 나는 듯 해맑은 아이로 돌아와요. 지니는 정말 귀엽다니까요.

오늘의 단어 anxious 불안해하는

오늘의 응용 Listen to soothing music when you are anxious.
불안할 때는 차분한 음악을 들어보세요.

Mummy

How dare you!

어떻게 그럴 수 있어!

Anna 지니가 제가 공들여 만든 레고를 부숴버렸어요. 제 허락도 받지 않고 만지려다가 그랬다니 정말 괘씸했어요. 그래서 동생이 제일 아끼는 인형 팔을 꺾어버렸더니 엉엉 울더라고요. 저는 엄마한테도 엄청 혼났어요. 그렇지만 저도 억울해요!

오늘의 단어   dare 감히 ~하다

오늘의 응용   **How dare you eat the cookie without telling me!**

어떻게 감히 나한테 말도 없이 쿠키를 먹을 수 있어!

Anna

We should call off our picnic.

소풍은 취소해야겠어요.

Mummy 공원으로 소풍을 가기로 해서 샌드위치를 만들고 있었는데 비가 쏟아지기 시작하는 거 있죠. 분명히 예보상으로는 그런 말이 없었는데 기상청이 틀린 것 같아요. 샌드위치는 가족들과 티타임을 즐기며 먹어야겠어요.

오늘의 표현   **call off**   취소하다

오늘의 응용   **We need to call off the meeting and reschedule.**

회의를 취소하고 다시 일정을 잡아야 해요.

Jinny

Get ready!

준비해!

Jinny 제가 언제든 준비되어 있는 것들을 말해볼까요? 저는 언제 어디서든 만화책을 읽을 수 있어요. 또 재밌는 만화를 그릴 수도 있고요. 인형 놀이를 하자고 하면 언제든 할 거예요. 공룡 이름 대기에도 자신 있어요. 누구든 제게 같이 놀자고 해주세요!

오늘의 단어 **ready** 준비가 된

오늘의 응용 **Get ready for school!**
학교 갈 준비하렴!

I can't come up with an idea.

이야기가 떠오르지 않아요.

Daddy 지니가 학교에서 이야기 만들기 숙제를 받아왔나 봐요. 엉뚱한 이야기 만들기는 지니가 제일 좋아하는 일이예요. 그런데 오늘은 왠지 평소와 다른 것 같네요. 이야기가 잘 떠오르지 않는다나요. 지니가 기발하지 않은 날도 있네요.

오늘의 표현   come up with   생각해내다

오늘의 응용   **Let's brainstorm and come up with creative solutions.**

브레인스토밍으로 창의적인 해결책을 생각해내자.

Anna

You completed the puzzle so quickly.

너 퍼즐 정말 빨리 맞췄구나.

Jinny 그 누구보다도 언니한테 칭찬을 받으면 기분이 좋은 거 있죠? 엄마 아빠의 칭찬은 사랑받는 느낌이라면 언니의 칭찬은 인정받는 느낌이거든요. 특히 주특기인 퍼즐 맞추기에 있어서 저는 언니의 칭찬을 독차지하고 있어요.

오늘의 단어 **complete** 완성하다

오늘의 응용 **You completed my day!**
네가 나의 하루를 완성해줬어!

Mummy

Dive into your homework.

숙제에 몰두하렴.

Anna 엄마 차를 타고 하교하면서 오늘 숙제를 정말 많이 받았다고 얘기했더니 엄마가 저녁 전에 숙제를 끝내라고 하시네요. 저녁 먹기 전까지는 좀 쉬었다가 밥 먹은 뒤에 하려고 그랬는데, 숙제 많은 거 괜히 말했어요!

오늘의 표현 **dive into** 몰두하다, 뛰어들다

오늘의 응용 **Let's dive into the new book.**
새 책을 읽어보자.

I got to go to bed. I'm sleepy.
자러 갈래요. 졸려요.

**Let's have sweet dreams.
Let me tuck you in.**
잘 자고 좋은 꿈 꾸렴. 이불 덮어줄게.

**Good night, everyone. Sleep tight.
Sweet dreams!**
다들 좋은 밤. 잘 자고 좋은 꿈 꿔!

You too.
엄마 아빠도요.

★ **I'll carry on and try again.**
계속해서 다시 시도할 거예요.

★ **I'm feeling anxious.**
나 불안해요.

★ **We should call off our picnic.**
소풍은 취소해야겠어요.

★ **I can't come up with an idea.**
이야기가 떠오르지 않아요.

★ **Dive into your homework.**
숙제에 몰두하렴.

★ **Gotcha!**
잡았다!

★ **You beat me!**
내가 졌어!

★ **Come on, you can do it!**
파이팅, 할 수 있어!

★ **Let me tuck you in.**
이불 덮어줄게.

★ **Sleep tight.**
잘 자렴.

29th April

"Dialogue Day"

It's raining a lot. We should call off our picnic. What should we do now?
밖에 비가 많이 와요. 소풍을 취소해야겠어요.
이제 뭘 할까요?

Let's come up with something fun to do indoors.
실내에서 할 만한 재미있는 걸 찾아보자.

How about the art project?
미술 작품 만들기는 어때요?

Absolutely! Let's dive into the project with creativity and enthusiasm.
좋지! 창의적이고 열정적으로 몰두해서 만들어보자.

9월

September

Mummy

Can you keep an eye on your sister?

동생 좀 봐줄 수 있니?

Anna 지니가 지금보다 훨씬 어릴 때 엄마는 제게 자주 지니를 봐달라고 했어요. 요리도 해야 하고 청소도 해야 하고 공부도 해야 해서 제 도움이 절실히 필요했거든요. 엄마는 지금도 그때 제가 지니를 돌봐준 것에 대해 고마웠다고 말해줘요.

오늘의 표현 keep an eye on 지켜보다, 관심 있게 보다

오늘의 응용 **Can you keep an eye on the puppy while I finish my homework?**

아빠, 제가 숙제 끝내는 동안 강아지 봐줄 수 있어요?

Sleep tight.

잘 자렴.

Anna 엄마는 밤 인사를 할 때 아빠한테는 "Good night."이라고 하는데 저희한테는 "Sleep tight."이라고 해요. 잠을 푹 자고 쑥쑥 커야 하니까 잠을 더 꽉 붙들어 매고 자길 바라는 마음일까요? 정말 달콤한 말이에요.

오늘의 표현 **sleep tight** 잘 자

오늘의 응용 **Sleep tight, sweet dreams!**
잘 자, 좋은 꿈 꿔!

5월

May

Mummy

Let me tuck you in.

이불 덮어줄게.

Jinny 어제는 가족들과 영화를 보다가 까무룩 잠이 들어버렸어요. 영화가 하나도 지루하지 않고 재밌었는데 너무 피곤해서 자꾸 눈이 감기더라고요. 잠결에 엄마가 이불을 덮어준 기억이 나요.

오늘의 단어 **tuck** 포근히 덮어주다

오늘의 응용 **Dad tucked me in and read a storybook.**
아빠가 이불을 덮어주고 이야기책을 읽어줬다.

Take it easy.

편하게 해.

Mummy 최근에 한 방송사에서 제가 수업하는 모습을 찍으러 온다고 한 탓에 촬영을 신경 쓰느라 날이 서 있었어요. 가족들이 말을 걸기 힘들어할 정도로 예민해졌는데, 남편이 다가와 마음을 편하게 가지라고 해줘서 마음이 조금 괜찮아졌어요.

오늘의 단어 **take** 받아들이다

오늘의 응용 **I know you feel stressed about the exam, but take it easy.**

네가 시험에 스트레스받는 거 알지만, 편하게 해.

Daddy

Come on,
you can do it!

파이팅, 할 수 있어!

Jinny 대회에 나가는 건 항상 흥분되면서도 떨리는 일이에요. 이번 수영대회에는 큰 상금이 걸려 있어서 꼭 순위권 안에 들고 싶었어요. 젖 먹던 힘까지 다해서 헤엄치는데 아빠의 응원이 들렸어요. 덕분에 1등을 했답니다!

오늘의 표현	**Come on!** 파이팅!
오늘의 응용	**Come on, you can do it!** **We believe in you!** 힘 내, 할 수 있어! 우리는 널 믿어!

2nd
May

Jinny

Have a bite.

한입 먹어.

Anna 라면이 먹고 싶어져서 지니한테 같이 먹겠냐고 물어봤을 때 아까는 분명히 안 먹겠다고 그랬어요. 그런데 다 끓여놓고 냄새가 솔솔 나니까 옆에 와서 한입만 달라고 하는 거 있죠? 그러면 처음부터 먹겠다고 하든가!

오늘의 단어 **bite** 한입

오늘의 응용 **Can I have a bite?**
한입 먹어도 돼?

Jinny

You beat me!

내가 졌어!

Anna 한가한 주말 오후에 지니랑 퍼즐 맞추기 게임을 하기로 했어요. 맞추는 속도가 거의 비슷해서 지니가 저를 이길 수 있는 몇 안 되는 게임이죠. 그렇지만 제가 그렇게 호락호락하게 당해주진 않아요. 보세요, 오늘은 제가 훨씬 빨리 맞췄어요.

오늘의 단어 **beat** 이기다

오늘의 응용 **You beat me in the race.**
네가 경주에서 날 이겼어.

Daddy

Let's play a card game indoors.

안에서 카드게임 하자.

Jinny 오늘 아빠와 자전거를 타기로 했었는데 비가 오네요. 항상 밖에서 뭔가를 하려고 할 때마다 비가 내리는 게 정말 야속해요. 저는 이렇게나 아쉬운데 아빠는 별로 그렇지도 않은가 봐요. 하지만 카드게임도 재미는 있어요.

오늘의 단어 **indoors** 실내에서, 안에서

오늘의 응용 **Let's talk indoors.**
안에서 얘기하자.

Anna

Gotcha!

잡았다!

Anna 지니와 공원에 나왔는데 나비가 정말 많이 날아다니더라고요. 천천히 나풀나풀 날기에 손을 빠르게 움직이면 잡을 수 있을 것 같았어요. 그런데 나비도 엄청나게 빠른 거 아세요? 생각보다 잡는 게 쉽지는 않았어요!

오늘의 단어 gotcha 잡았다 (got you의 줄임말)

오늘의 응용 **Gotcha! I found you!**
You were behind the tree!
잡았다! 찾았어! 나무 뒤에 있었구나!

4th May

Anna

We had such fun.

우리 너무 재미있었어.

Jinny 놀이공원을 매일 갈 수 있으면 얼마나 좋을까요? 1년에 적어도 10번은 갔으면 좋겠는데! 지난번에 왔을 때보다 키가 꽤 커서 탈 수 있는 놀이기구도 많았고, 퍼레이드는 내 생에 최고의 경험이었어요. 언니도 저만큼이나 즐거웠겠죠?

오늘의 단어 fun 재미

오늘의 응용 **We built a sand castle at the beach. It was such fun!**

우리는 바닷가에서 모래성을 지었어. 너무 재미있었어!

Did you do the laundry, Anna?
빨래했어, 안나?

Yes, Mum. I did it earlier today.
네, 엄마. 오늘 일찍 했어요.

Great job! Would you also like to lock the door please?
잘했다! 혹시 문도 잠가줄 수 있겠니?

Sure, I will.
네, 물론이죠.

★ **Can you keep an eye on your sister?**
동생 좀 봐줄 수 있니?

★ **Take it easy**
편하게 해.

★ **Have a bite.**
한입 먹어.

★ **Let's play a card game indoors.**
안에서 카드게임 하자.

★ **We had such fun.**
우리 너무 재미있었어.

★ **It's time to do the laundry.**
빨래할 시간이에요.

★ **Before we leave, did you lock the door?**
떠나기 전에 확인해봐요, 문 잠갔어요?

★ **Can you put the kettle on?**
주전자를 불에 좀 올려줄래?

★ **I was hesitant to try the new dish.**
새로운 요리를 시도하기 망설여졌어.

★ **That's my girl!**
역시 내 딸이야!

We had such fun today, didn't we?
오늘 너무 재밌지 않았니?

Absolutely, the amusement park was so much fun!
진짜로, 놀이공원 너무 재미있었어요!

So Anna, don't forget to take it easy with your homework.
그러니까 안나야, 숙제에 너무 스트레스받지 마.

Alright, Daddy!
알았어요, 아빠!

Mummy

That's my girl!

역시 내 딸이야!

Anna 오늘은 체육 시간에 달리기를 했는데요, 제가 1등을 했어요. 열심히 달리다가 뒤를 돌아보니까 다른 애들이 저 뒤에 있었어요. 그 순간이 얼마나 짜릿하던지. 엄마는 제 운동신경에 다시 한번 놀랐대요.

오늘의 표현 **That's my girl!** 역시 내 딸이야!

오늘의 응용 **That's my boy!**
역시 내 아들이야!

Anna

Two more days to go.

이제 이틀 남았어요.

Mummy 이틀 뒤에는 안나가 몇 개월 동안 연습한 피아노곡을 청중 앞에서 연주하는 날이에요. 그동안 열심히 해왔던 걸 아는 엄마로서 안나보다 제가 더 떨고 있는 것 같아요. 실수하더라도 끝까지 무대를 잘 마무리하기를.

오늘의 표현 **~to go** ~만큼 남아 있는

오늘의 응용 **I only have one exam to go.**
시험 하나밖에 안 남았어.

Daddy

I was hesitant to try the new dish.

새로운 요리를 시도하기 망설여졌어.

Jinny 지난번에 아빠가 처음으로 해준 한식은 정말 짰어요. 레시피에는 소금 1스푼이었는데 1컵을 넣었다지 뭐예요. 그런데 이번에 해준 떡볶이는 맛있었어요. 아빠가 마음을 쓸어내리면서 요리하기 망설여졌다고 말했어요. 그때 많이 미안했나 봐요.

오늘의 단어 hesitant 주저하는, 망설이는

오늘의 응용 **Looks like he's hesitant.**
그 사람 좀 망설이는 것 같아.

Daddy

We are going to the park right now.

우리 지금 당장 공원에 가자.

Jinny 아빠가 일을 하느라 공원에 가기로 한 시간을 잊어버리신 것 같아요. 바쁘시다는 건 알지만 가끔 이럴 때는 서운함을 숨길 수가 없어요. 시간이 얼마나 지났을까요? 아빠가 갑자기 헐레벌떡 방에서 나와서 공원에 가자고 하네요. 흥, 고민 좀 해보겠어요!

오늘의 표현 right now 지금 당장

오늘의 응용 I need to finish this homework right now.
이 숙제를 지금 바로 끝내야 해.

Mummy

Can you
put the kettle on?

주전자를 불에 좀 올려줄래?

Anna 엄마랑 보내는 시간 중에 뭐니뭐니 해도 제일 좋은 시간은 티타임이에요. 가끔 엄마는 제가 하교하자마자 차가 땡기니 주전자를 불에 올려달라고 보채요. 저는 아직 차가 땡긴다는 느낌은 잘 모르지만 엄마랑 갖는 티타임은 항상 너무 좋아요.

- -

오늘의 표현 **put the kettle on** 주전자나 포트를 불에 올리다

오늘의 응용 **I just put the kettle on. Let's have tea.**
방금 주전자를 불에 올렸어. 티타임 하자.

I want to read for 5 more minutes.

5분만 더 읽을래요.

Mummy 늦게 자려는 아이들과 일찍 재우려는 부모는 매일같이 신경전을 벌여요. 특히 자기 전에 재밌는 일을 하는 경우에는 더욱 그렇죠. 오늘은 안나가 흥미진진한 소설을 읽고 있는 것 같아요. 뭐, 5분 정도야 더 읽어도 괜찮으니 그렇게 하렴.

오늘의 단어 minute (시간 단위) 분

오늘의 응용 Give me 5 more minutes to finish this chapter.

이 장을 끝내는 데 5분만 더 주세요.

Before we leave, did you lock the door?

떠나기 전에 확인해봐요, 문 잠갔어요?

Mummy 지니는 정말 웃긴 습관을 몇 가지 갖고 있는데 그중 하나가 현관문을 잠갔는지 꼼꼼하게 체크하는 거예요. 혹시 도둑이 들어서 자기 방에 소중한 물건들을 다 가져가면 안 된다고 하네요. 문 잘 잠갔단다, 얘야.

오늘의 표현 **lock the door** 문을 잠그다

오늘의 응용 **Don't forget to lock the door when we go out.**
외출할 때 문 잠그는 거 잊지 마요.

We are visiting Grandma the day after tomorrow.

우리 모레 할머니 댁에 갈 거야.

Anna 이렇게 오랫동안 할머니 댁에 못 간 적은 처음인 것 같아요. 할머니가 얼마나 저희를 반가워할지 벌써 기대가 돼요. 할머니가 야채와 함께 큰 고기를 구워서 내어주시는 선데이 로스트도 오랜만에 먹을 수 있겠어요!

오늘의 단어   **visit** 방문하다, 찾아가다

오늘의 응용   **I may visit dentist the day after tomorrow.**

나는 모레 치과에 가보려고.

Anna

It's time to do the laundry.

빨래할 시간이에요.

Daddy 우리 집에서 제일 빨래를 열정적으로 하는 사람은 안나예요. 자기 당번인 날이 오면 아침 일찍부터 엄마, 아빠, 동생에게 더 빨 것이 없냐고 물어봐요. 아침에 후다닥 끝내고 자유 시간을 누리려는 거예요. 부지런하기도 하죠.

오늘의 단어 **laundry** 세탁, 빨래

오늘의 응용 **Mum asked me to do the laundry.**
엄마가 빨래해달라고 나한테 부탁했어요.

11th
May

Mummy

Dinner will be ready in 20 minutes' time.

저녁은 20분 후에 준비될 거야.

Jinny 엄마는 저녁이 준비되기 20분 전에 항상 저녁 시간을 알려주세요. 그러면 20분이 딱 되기 직전에 우리는 모두 식탁에 모여야 해요. 음식이 갓 나와서 따끈따끈한 온도를 잃어버리지 않았을 때 바로 먹어야 하는 게 우리 엄마의 규칙이에요.

오늘의 표현 **in 20 minutes' time** 20분 뒤에

오늘의 응용 **The next bus arrives in 20 minutes' time.**
다음 버스는 20분 뒤에 도착해.

Speaking of which, Mr Johnson mentioned a great new restaurant in town.

그런데 말이에요, 존슨 씨가 시내에 진짜 좋은 식당이 생겼대요.

Oh, really? That's interesting. We should try it today.

아, 정말? 흥미롭네. 오늘 가봐야겠다.

Then before we go, let's put out the bins. The garbage truck is coming soon.

그럼 가기 전에 쓰레기통 내놓자. 수거차가 곧 올 거야.

I'll take care of it. After that, I'll make the bed.

제가 할게요. 그리고 침대 정리도 할게요.

12th
May

★ **Two more days to go.**
이제 이틀 남았어요.

★ **We are going to the park right now.**
우리 지금 당장 공원에 가자.

★ **I want to read for 5 more minutes.**
5분만 더 읽을래요.

★ **We are visiting Grandma the day after tomorrow.**
우리 모레 할머니 댁에 갈 거야.

★ **Dinner will be ready in 20 minutes' time**
저녁은 20분 후에 준비될 거야.

* **It gives us the best of both worlds.**
  그거 일거양득이네.

---

* **Speak of the devil, here comes, Mr. Johnson.**
  호랑이도 제 말하면 온다더니, 존슨 씨가 왔네.

---

* **Speaking of which, when is Anna back?**
  말 나온 김에 말이야, 안나는 언제 돌아오는 거야?

---

* **Don't forget to put out the bins.**
  쓰레기통을 내놓는 거 잊지 마.

---

* **I'll make the bed and tidy up the bedroom.**
  침대 정리하고 침실을 정돈할게요.

Dialogue Day

Anna, one more day to go until your music recital.
안나, 음악회까지 이틀 남았네.

Yes, I am practicing right now.
네, 지금 연습하고 있어요.

But remember we're visiting Grandma the day after tomorrow, so we need to get ready.
그런데 우리 모레 할머니댁 가야 하니까 그것도 잊지 말고 준비해줘.

Okay, Mum.
네, 엄마.

I'll make the bed and tidy up the bedroom.

침대 정리하고 침실을 정돈할게요.

Daddy 주말 아침에 꼭 하는 게 있다면 바로 침실 정리예요. 평일에는 다들 출근하고 등교해야 하니까 시간이 없잖아요. 일주일 동안 어질러진 침실을 깨끗하게 정리하는 거예요. 오늘은 안나가 청소를 빨리 해치워버리고 놀러 나가자고 하네요.

오늘의 표현 **make the bed** 침대를 정리하다, 정돈하다

오늘의 응용 **Don't forget to make the bed after you wake up.**
일어나서 침대 정리하는 거 잊지 마.

Jinny

This jumper is itchy.

이 스웨터 가려워요.

↳ 영국에서는 sweater(스웨터)를 jumper라고 부른답니다.

Jinny 할머니댁에서 아빠가 아주 어릴 때 입던 스웨터를 발견했어요. 제 몸에 딱 맞는 것 같아서 입어봤거든요. 할머니도 아빠도 추억이 떠오른다며 너무너무 좋아해서 기분이 좋았어요. 그런데 어쩌죠? 이 스웨터 너무 가려워요.

오늘의 단어 **itchy** 가렵다

오늘의 응용 **After a mosquito bite,**
the skin can become itchy.

모기에 물리면 피부가 가려워질 수 있어요.

Don't forget to put out the bins.

쓰레기통 내놓는 거 잊지 마.

↳ 미국에서는 쓰레기통을 trash can으로
영국에서는 trash bin으로 쓴답니다.

Jinny 우리 가족은 공평하게 돌아가면서 집 앞에 쓰레기통을 내놔요. 매주 토요일 오후마다 수거차가 오니까 토요일 점심에는 해야 돼요. 이번 주는 제 차 례니까, 영차! 자, 가볼까요?!

오늘의 단어 bin 쓰레기통(영국식)

오늘의 응용 **Throw rubbish into the bin after finishing the art project.**
작품을 다 만든 뒤에 나오는 쓰레기는 쓰레기통에 버리세요.

Anna

The sun feels warm today.

오늘 햇살이 따뜻해요.

Anna 프랑스에 갔을 때는 깜짝 놀랐어요. 휴가 내내 비가 하나도 안 오더라고요. 영국은 비가 정말 많이 오거든요. 그런데 오늘은 프랑스가 생각날 정도로 따뜻하게 햇살이 내리쬐고 있어요. 지니한테 놀러 나가자고 하려고요.

오늘의 단어 warm 따뜻한

오늘의 응용 It's a warm day, perfect for a picnic.
날씨가 따뜻해서 피크닉하기 딱 좋은 날이네요.

Mummy

Speaking of which, when is Anna back?

말 나온 김에 말이야, 안나는 언제 돌아오는 거야?

Daddy   안나가 분명 재키네 집에서 놀다가 저녁 먹기 전까지는 돌아오겠다고 했는데, 아직도 소식이 없네요. 저희 부부는 말하지 않지만, 서로 신경이 곤두서 있어요. 보세요. 제가 "배가 좀 고픈데…"라고 운을 띄우니까 바로 안나 얘기를 하잖아요.

오늘의 표현   **speaking of which** 말 나온 김에 말이야

오늘의 응용   **Speaking of which, we need to pack swimsuits.**
말 나온 김에 말이야, 우리 수영복도 챙겨야 해.

Daddy

The soup is boiling hot.

수프가 많이 뜨겁단다.

Jinny 엄마가 옛날 한국의 왕들은 밥을 먹기 전에 독이 들었는지 확인하는 신하를 옆에 두었다는 이야기를 해주셨어요. 그러고 보면 우리 아빠는 음식이 너무 뜨거울 때 꼭 먼저 먹어보고 조심하라고 얘기해주거든요. 항상 고마워요, 아빠!

오늘의 표현 **boiling hot** 너무 뜨거운, 너무 더운

오늘의 응용 **This coffee is boiling hot.**
Let it cool down for a while.

커피가 너무 뜨거워요. 잠시 식히세요.

Jinny

Speak of the devil, here comes, Mr. Johnson.

호랑이도 제 말하면 온다더니, 존슨 씨가 왔네.

Anna 이웃집 존슨 씨가 마당에서 혼자 이상한 체조를 하는 걸 봤어요. 다양한 동물들을 따라 하는 것 같았는데 큰소리로 기합까지 넣더라고요. 한동안 지니랑 그 얘기를 했거든요. 그런데 방금 존슨 씨가 배관 문제로 우리 집을 찾아왔어요. 호랑이도 제 말 하면 온다더니!

오늘의 표현 **speak of the devil** 호랑이도 제 말하면 온다더니

오늘의 응용 **Speak of the devil! We were just talking about you!**

호랑이도 제 말하면 온다더니! 우리 방금 네 이야기를 하고 있었는데!

Jinny

This ice cream is ice cold.

아이스크림이 엄청 차가워요.

Mummy 지니는 차가운 음식을 정말 좋아해요. 여름에는 아이스크림을 사달라고 귀가 닳도록 얘기한다니까요. 지난번에는 한국 마트에서 냉면을 사서 해줬는데 처음에는 차가운 면 요리가 이상하다고 하더니 결국 좋아하게 됐어요.

오늘의 표현 **ice cold** 아주 차가운

오늘의 응용 **The winter wind is ice cold.**
겨울바람은 아주 차가워요.

Anna

It gives us the best of both worlds.

그거 일거양득이네.

Anna 친구들과 바닷가 집이 더 좋은지 도시의 아파트가 더 좋은지 토론했어요. 바닷가에 살면 바다에서 매일 놀 수 있고 도시에 살면 모든 게 편리하잖아요. 그럼 이건 어떨까요? 한 집 살 돈을 나눠서 조금 좁더라도 둘 다 사는 거예요. 그럼 일거양득이잖아요.

- -

오늘의 표현 **the best of both worlds** 일거양득, 일석이조

오늘의 응용 **I want to get the best of both worlds!**
일거양득으로 누리고 싶어요!

Anna

This lemonade is a bit sour.

이 레모네이드 좀 셔요.

Daddy 오늘 티타임에는 아이들에게 레모네이드를 해줬어요. 그런데 레몬 양 조절에 실패했던 걸까요. 너무 시다고 얼굴을 잔뜩 찌푸리고 있네요. 아무래도 설탕을 듬뿍 넣어줘야겠어요. 신맛에는 역시 단맛이죠.

오늘의 단어   **sour** 신맛이 나는

오늘의 응용   **Lemons have a sour taste.**
레몬은 신맛이 나요.

Anna, let's break the ice and start a conversation with our new neighbor. How does that sound?

언니, 새로운 이웃들이랑 얘기하러 가보자. 어때?

Sure, I'll go over and introduce myself. Let's go out.

그래, 좋은 생각이야. 가서 내 소개를 할게. 나가자.

Wait! Can you hold the door for me?

잠깐만! 문 좀 잠깐만 잡아줄 수 있어?

Sure, can you pass on the keys to me?

당연하지, 나한테 열쇠 가져다줄래?

★ **This jumper is itchy.**
이 스웨터 가려워요.

★ **The sun feels warm today.**
오늘 햇살이 따뜻해요.

★ **The soup is boiling hot.**
수프가 많이 뜨겁단다.

★ **This ice cream is ice cold.**
아이스크림이 엄청 차가워요.

★ **This lemonade is a bit sour.**
이 레모네이드가 좀 셔요.

11th
August

Review Day

★ **Let's break the ice!**
이제 분위기 살리자!

★ **Break a leg in your dance performance!**
댄스 공연 행운을 빌어!

★ **Please hold the door for the person behind you.**
뒤에 오는 사람을 위해 문을 잡아주렴.

★ **Can you pass on the change to your sister?**
언니한테 남은 잔돈을 전해주겠니?

★ **How does that sound?**
어때?

**This sweater is itchy.
Can I wear your pink one?**

이 스웨터 가려워. 대신 언니 핑크색 스웨터 입어도 될까?

**Sure. But it's warm today,
you might feel too hot in that.**

당연하지, 그런데 오늘 따뜻해서
그거 입으면 너무 더울지도 몰라.

**Girls, the lemonade is ready.
But be careful, it's a bit sour.**

얘들아, 레모네이드 준비됐다. 그런데 조심해, 조금 셔.

**That's okay. We can enjoy it with
an ice cold ice cream.**

괜찮아요. 차가운 아이스크림이랑 먹으면 맛있어요.

Anna

How does that sound?

어때?

Mummy 안나가 축구를 하고 싶은 것 같아요. 집에서 게임을 하려는 지니를 살살 꼬시고 있네요. 안나는 지니에게 동의를 구해서, 지니가 억지로 끌려 나가는 게 아니라 스스로 선택해서 나가는 것처럼 만들려고 하는 거예요. 정말 영리하다니까요.

오늘의 단어 **sound** 소리, 말

오늘의 응용 **Let's play football today! How does that sound?**

오늘 축구하자! 어때?

I was bitten by a mosquito.

모기에 물렸어요.

Anna 그거 아세요? 모기는 엄청나게 많은 질병들을 옮기고 다닌대요. 1년에 약 100만 명이 모기가 옮긴 병 때문에 죽는다니까 정말 무서운 벌레이지 않아요? 도대체 모기는 왜 이렇게 사람들을 괴롭히는지!

오늘의 표현 **be bitten by~** ~에 물리다

오늘의 응용 **If you're bitten by a mosquito, it can be quite itchy.**

모기에 물리면 굉장히 가려워질 수 있어요.

Can you pass on the change to your sister?

언니한테 남은 잔돈을 전해주겠니?

Jinny 언니는 잔돈을 모아서 전동 킥보드를 사겠다고 결심했어요. 그래서 가족들은 동전이 생기면 무조건 언니에게 줘요. 처음에는 텅 비었던 저금통이 이제는 반 이상 채워졌어요. 티끌 모아 태산이란 말이 사실이었네요.

오늘의 표현 **pass on** 전하다

오늘의 응용 **Pass on the message to uncle Jim that Daddy will be late tonight.**
짐 삼촌에게 아빠 오늘 늦으실 거라고 말해줘.

Mummy

The air is stuffy.

공기가 답답해.

Jinny 엄마가 제 방에 들어와서 제일 많이 하는 말은 공기가 답답하다는 말이에요. 그러고는 환기를 시켜야겠다면서 창문을 여세요. 정작 방을 쓰는 저는 답답함을 느끼지 못하는데 엄마는 왜 맨날 답답하다고 하는 걸까요?

오늘의 단어 **stuffy** 답답한

오늘의 응용 **When there's no ventilation,
the air can get stuffy.**

환기가 되지 않으면 공기가 답답해질 수 있어요.

Please hold the door for the person behind you.

뒤에 오는 사람을 위해 문을 잡아주렴.

Anna   엄마는 뒤에 따라오는 사람을 위해서 문을 잡아주는 게 예의래요. 누군가가 저를 위해 같은 행동을 했다면 항상 "Thank you."라고 말해야 하고요. 이런 규칙을 처음 만든 사람은 누구일까요?

오늘의 단어   hold 잡다

오늘의 응용   Hold the door open for someone behind you.

뒤에 오는 사람을 위해서 문이 닫히지 않게 잡아주렴.

Daddy

Would you like a glass of cold water?

차가운 물 한 잔 마실래?

Anna 오늘은 너무너무 더워서 학교에 다녀오는 것만으로도 녹초가 되었어요. 땀이 많이 나니까 여름에 산책 나온 강아지처럼 헐떡였어요. 아빠가 그런 제 모습을 보고 차가운 물을 따르고 있어요. 어쩜 내 마음을 찰떡같이 알아주는 우리 아빠!

오늘의 표현 **a glass of cold water** 차가운 물 한 잔

오늘의 응용 **On a hot day, a glass of cold water can be very refreshing.**
더운 날에는 차가운 물 한 잔이 아주 상쾌할 수 있어요.

Anna

Break a leg in your dance performance!

댄스 공연 행운을 빌어!

Jinny 학교 발표회에서 하는 무대 공연은 매년 기대되면서도 떨리는 시간 이에요. 올해에는 우리 만화동아리에서 애니메이션을 하나 선정해서 주제곡에 맞춰 춤을 추기로 했어요. 언니가 제게 행운을 빌어줘서 잘 끝마칠 수 있을 것 같아요.

오늘의 표현 **break a leg** 행운을 빌다

오늘의 응용 **Break a leg on stage, and you'll do great!**
무대 위에서 행운을 빌어, 잘할 거야!

Anna

Your new dress is gorgeous!

새로운 옷 정말 멋지다!

Jinny 언니는 항상 저를 칭찬해줘요. 매운 걸 잘 먹을 때도, 자전거를 잘 탈 때도, 숙제를 빨리 끝낼 때도, 청소를 잘했을 때도 옆에서 칭찬할 기회를 놓치지 않는다니까요. 그래서 언니가 없으면 저는 너무 슬플 것 같아요.

오늘의 단어   gorgeous   멋진, 아름다운

오늘의 응용   **The sunset view from here is absolutely gorgeous.**
여기서 보는 일몰 장면은 정말 환상적이에요.

Jinny

Let's break the ice!

이제 분위기 살리자!

Anna 지니는 다른 사람들과 서슴없이 친해지는 능력이 있어요. 지난 휴가 여행지에서 친해진 다른 가족들과 저녁을 먹을 때, 아이들끼리 어색하니까 자기소개로 분위기를 살리자며 재촉하더라고요. 제 동생이지만 이럴 땐 정말 자랑스럽다니까요.

오늘의 표현 **break the ice** 어색한 분위기를 풀다

오늘의 응용 **Going out for a meal is a good way to break the ice.**

외식하면 분위기가 좋아져요.

What a lovely day!

너무 좋은 날이네요!

Daddy 정말 오랜만에 아이들을 이웃집에 맡겨두고 아내와 둘만의 데이트를 나왔어요. 조용한 미술관을 여유롭게 걷다가 공원에 나와서 돗자리를 펴고 샌드위치를 먹기로 했어요. 날이 활짝 갠 덕분에 아내도 한껏 들뜬 모습이에요.

오늘의 단어   **lovely**   사랑스러운, 멋진

오늘의 응용   **The flowers in the garden look so lovely in the morning.**

정원의 꽃들은 아침에 정말 사랑스러워요.

Dialogue Day

**Anna, slow down a bit!
You're walking too fast.**

언니, 조금 천천히 가! 너무 빨리 걷고 있어.

**Sorry, I was in a hurry because
I thought we were late.
But you're right, there's no rush.**

미안, 늦을까 봐 서둘렀어. 하지만 맞아,
서둘러야 할 필요 없어.

**No, girls, let's speed up a bit,
we don't want to miss the beginning
of the movie.**

아냐, 얘들아, 조금 더 속도를 내자, 영화 초반부를 놓치기
는 싫잖아.

**Sorry kids, but I'm feeling unwell
today, so I'll go back home and rest.**

미안한데 얘들아, 나는 오늘 몸이 안 좋아서
집에 돌아가 쉴게.

★ **I was bitten by a mosquito.**
모기에 물렸어요.

★ **The air is stuffy.**
공기가 답답해.

★ **Would you like a glass of cold water?**
차가운 물 한 잔 마실래?

★ **Your new dress is gorgeous!**
새로운 옷 정말 멋지다!

★ **What a lovely day!**
너무 좋은 날이네요!

★ **Slow down, we're in no hurry.**
천천히 해요, 우리 안 급해요.

★ **There's no rush.**
서두를 필요 없어요.

★ **Speed up a bit.**
조금 더 속도를 내자.

★ **I'm feeling unwell today.**
오늘은 몸이 안 좋아.

★ **Sit properly.**
제대로 앉아요.

I was bitten by a mosquito while we were at the park.

나 공원에서 모기 물렸네.

Oh no, That must be very itchy. Here, have a glass of cold water.

악, 진짜 가렵겠다. 여기, 차가운 물이라도 한잔 마셔.

Girls, how was your day?

얘들아, 오늘 하루 어땠어?

The air was a bit hot and stuffy at the park, but Anna's idea to bring lemonade was lovely!

공원 공기가 좀 덥고 답답했는데, 레모네이드를 가져온 언니의 아이디어가 정말 좋았어요!

Anna

Sit properly.

제대로 앉아요.

Mummy 안나가 학교에서 올바른 자세에 대해서 배우고 난 뒤로 가족들의 자세 보안관이 됐어요. 조금이라도 앉은 자세가 구부러진다 싶으면 제대로 앉으라고 지적하네요. 엄마의 허리 건강이 나빠질까 봐 걱정이래요.

오늘의 단어 **properly** 제대로, 올바로

오늘의 응용 **Sit properly and maintain a good posture.**

제대로 앉고 좋은 자세를 유지해요.

It will probably rain.

아마도 비가 올 것 같아.

Anna 일기예보에서는 오늘 하늘이 맑다고 하는데 엄마는 오늘 비가 올 것 같다고 얘기했어요. 뼈마디가 쑤시면 분명히 비가 올 징조라나요. 그런데 정말로 엄마는 날씨를 잘 맞추는 편이에요. 신기한 능력이라니까요.

오늘의 단어 probably 아마

오늘의 응용 I will probably finish this book today.
오늘 아마 이 책을 다 읽을 것 같아.

Daddy

I'm feeling unwell today.

오늘은 몸이 안 좋아.

Anna 엄마가 오늘은 식탁에 수저를 세 쌍만 놓으라고 하셨어요. 아빠가 아파서 식사를 못 하실 것 같다고 하네요. 아까 퇴근하실 때는 그렇게까지 아프지 않아 보였는데 그대로 침대 위로 쓰러지셨대요. 이따 방에 가서 괜찮으신지 물어봐야겠어요.

오늘의 단어   **unwell**   몸이 안 좋은, 아픈

오늘의 응용   **I'm feeling unwell, so I'll take some rest.**
몸이 안 좋아서 좀 쉬어야겠어.

Daddy

What's your favorite animal?

가장 좋아하는 동물이 뭐야?

Jinny 우리 가족은 거북이를 한 마리 키워요. 원래는 언니와 제가 아빠에게 강아지를 사달라고 졸랐는데, 대신 거북이를 키우기로 했어요. 아빠가 강아지 말고 좋아하는 동물이 뭐냐고 제게 물었을 때 거북이라고 대답했거든요.

오늘의 단어   **favorite** 매우 좋아하는

오늘의 응용   **My favorite animal is a dolphin.**
제가 제일 좋아하는 동물은 돌고래예요.

Mummy

Speed up a bit.

조금 더 속도를 내자.

Daddy 이번 여름에는 다 함께 스페인에 가기로 했어요. 그런데 아침에 늦잠을 자는 바람에 시간을 지체했네요. 이러다가는 비행기를 놓칠 것 같아요. 지름길로 조금 더 빠르게 가야 할 필요가 있겠어요.

오늘의 표현 **speed up** 속도를 내다

오늘의 응용 **Let's speed up a bit, we need to make up lost time.**

조금 속도를 내자. 늦은 시간을 따라잡아야 해.

Anna

You can borrow mine.

내 거 빌려줄게.

Jinny 숙제를 해야 하는데 학교에 펜을 놓고 오는 바람에 엄마한테 혹시 집에 남는 펜이 없냐고 물어봤어요. 그런데 엄마도 자신이 쓸 펜밖에 없다고 하시네요. 그때 옆에 조용히 앉아 있던 언니가 자기 걸 써도 된다고 했어요.

오늘의 단어 borrow 빌리다

오늘의 응용 **Can I borrow your pencil?**
연필 좀 빌려줄래?

8월

August

Mummy

Your auntie is moving house next week.

너희 고모는 다음 주에 이사해.

↳ auntie는 이모, 고모에게 모두 쓸 수 있어요.

Anna 우리 가족들은 고모네가 이사하는 걸 돕기로 했어요. 짐을 싸고 차로 옮기고 이사할 집에 도착해서 짐을 내리고 다시 푸는 게 얼마나 고된지 작년에 이사를 해봐서 알아요. 고모도 저번에 우릴 도와줬으니 우리도 도와야겠죠!

오늘의 표현 move house 이사하다

오늘의 응용 **Moving house can be a lot of work.**
이사할 때 일이 많을 거예요.

There's no rush.

서두를 필요 없어요.

Mummy 저는 타고나기를 뭐든 미리미리 걱정하고 준비하는 편인 것 같아요. 할 일이 있으면 주변 사람들을 보채고 몇 번이고 확인하고는 하죠. 그래서 우리 딸들은 제게 쉬었다 하라거나 천천히 하라는 말을 많이 해요. 하지만 한국인은 역시 빨리빨리 아닌가요?

오늘의 단어 **rush** 서두르다, 급히 움직이다

오늘의 응용 **Relax, there's no need to hurry, we have everything under control.**
여유를 가져, 서두를 필요 없어. 모든 게 다 잘 돼가고 있어.

6월

June

Anna

Slow down,
we're in no hurry.

천천히 해요, 우리 안 급해요.

Anna 엄마는 항상 뭔가를 미리미리 준비하라는 편이지만, 가끔은 성격이 너무 급하시다는 생각이 들어요. 하루는 할머니댁에 가기 전날 점심부터 미리 준비하라는 말을 다섯 번이나 하셨다니까요! 우리 시간 충분해요.

오늘의 표현 **slow down** 속도를 줄이다

오늘의 응용 **Slow down, take your time, and enjoy the journey.**
천천히 가, 충분히 시간을 가지고 여행을 즐겨.

Anna

My auntie lives abroad.

우리 이모는 해외에 살아.

Anna 이모는 호주에 살아요. 호주에는 캥거루, 왈라비, 코알라, 상어가 있잖아요. 제가 보고 싶은 동물들이 한가득 있는 호주에서 휴가를 보내는 게 제 꿈이에요. 아직 그래본 적은 없지만, 엄마와 언젠가 호주에 꼭 가기로 약속했어요.

오늘의 단어 abroad 해외

오늘의 응용 **Living abroad can be an exciting adventure.**
해외에 사는 것은 흥미진진한 모험과 같아.

**I tried a new recipe today.
How's the pasta?**

오늘 새로운 레시피를 시도했어. 파스타 맛 어때?

It's yummy, but a bit spicy for me.

맛있어요, 그런데 저한테 조금 매워요.

Oh, sorry about that.

아, 미안하구나.

**That's okay. It's still delicious.
Actually, can I have seconds?**

괜찮아요. 그래도 맛있어요. 한 그릇 더 먹어도 돼요?

★ **It will probably rain.**
아마도 비가 올 것 같아.

★ **What's your favorite animal?**
가장 좋아하는 동물이 뭐야?

★ **You can borrow mine.**
내 거 빌려줄게.

★ **Your auntie is moving house next week.**
너희 고모는 다음 주에 이사해.

★ **My auntie lives abroad.**
우리 이모는 해외에 살아.

★ **This spaghetti is yummy!**
이 스파게티 맛있어요!

★ **This curry is too spicy.**
카레가 너무 매워요.

★ **I bumped into Rosa at the park today!**
오늘 공원에서 로사를 우연히 마주쳤어요!

★ **Can I have seconds?**
한 그릇 더 먹어도 돼요?

★ **If you want to try something new, go for it!**
뭔가 새로운 걸 하고 싶으면 도전해 봐!

Dialogue Day

**Kids, I have some news to share.
We're moving house next month.**

얘들아, 들려줄 소식이 있어. 우리 다음 달에 이사할 거야.

What? Where are we going?

뭐라고요? 어디로 가요?

**We're moving abroad.
It's a big change,
but it will be exciting.**

해외로 갈 거야. 큰 변화이긴 하지만 재미있을 거야.

**We're probably going to
miss our friends,
but it sounds like an adventure!**

아마도 친구들이 보고 싶겠지만,
재밌는 모험이 될 것 같아요!

Mummy

If you want to try something new, go for it!

뭔가 새로운 걸 하고 싶으면 도전해 봐!

Jinny 엄마는 항상 경험은 지혜를 준다고 얘기해요. 시도하지 않으면 절대로 배울 수 없는 것들이 있다고요. 그래서 뭔가를 할지 말지 고민하면 무조건 시도 해보라고 용기를 줘요. 엄마가 없었다면 저는 겁쟁이가 되었을지도 몰라요.

오늘의 표현 **go for it** 도전해보다

오늘의 응용 **Don't be afraid. Go for it!**
무서워하지 마. 도전해 봐!

Anna

Can you help me put up these posters?

포스터 붙이는 거 도와줄 수 있어요?

Daddy 안나가 학교에서 전시를 하는데 포스터를 만들고 동네에 붙이는 홍보팀에 들어갔다고 하네요. 행사의 흥행을 위해서 가장 중요한 일을 하고 있다니, 제가 두 팔 걷고 도와줘야겠어요.

오늘의 표현 **put up** 붙이다, 게시하다

오늘의 응용 **Let's put up decorations to celebrate the special day.**

이 특별한 날을 축하하기 위해 장식을 붙이자.

Jinny

Can I have seconds?

한 그릇 더 먹어도 돼요?

Daddy 아주 맛있는 음식을 먹으면 한 그릇 더 먹고 싶어지죠. 그 어떤 맛있다는 얘기보다 한 그릇을 더 달라고 할 때 저는 기분이 좋아진답니다. 그보다 확실한 맛있다는 표현은 없으니까요. 하지만 과식은 몸에 해로우니까 조금만 더 줘야겠어요.

오늘의 단어 **seconds** 한 그릇 더

오늘의 응용 **I'm still hungry. Can I have seconds?**
아직도 배고파요. 한 그릇 더 먹어도 돼요?

Jinny

I can't wait to show it off!

얼른 자랑하고 싶다!

Jinny 얼마 전부터 스케이트를 배우기 시작했어요. 처음에는 조금 무서웠는데 타다 보니까 익숙해져서 이제는 점프부터 스핀까지 못하는 게 없어요. 내일은 친구들과 스케이트장에 가보기로 했는데 얼른 제 실력을 보여주고 싶어요.

오늘의 표현 **show off** 자랑하다, 뽐내다

오늘의 응용 **She loves to show off her artistic talents through her beautiful paintings.**

그녀는 자신의 아름다운 그림을 보여주며 예술적 재능을 자랑하고 싶어 해요.

Anna

I bumped into Rosa at the park today!

오늘 공원에서 로사를 우연히 마주쳤어요!

Mummy 인생은 길에서 친한 친구를 만나는 상황 같은 우연으로 가득 차 있어요. 경험이 적은 어릴 때는 이런 일들이 더 놀라운 것 같아요. 안나가 오늘 아주 어릴 때 친구인 로사를 길에서 만났대요. 너무너무 신기하다고 종일 얘기하고 있어요.

오늘의 표현 **bump into** 우연히 마주치다

오늘의 응용 **I bumped into our old neighbor at the market yesterday.**
어제 시장에서 옛 이웃을 우연히 마주쳤어요.

Anna

Let's top off the cake with some fresh berries.

케이크 위에 신선한 산딸기를 얹자.

Anna 케이크를 만들 때 하이라이트는 다 만들어진 케이크 위에 토핑을 올리는 거예요. 그중 제일 예쁜 것은 알록달록, 아기자기한 과일이에요. 산딸기, 체리, 포도와 같은 과일은 보기만 해도 싱싱하고 탐스러워요.

오늘의 표현 **top off** 덧붙이다, 마무리 짓다, 대미를 장식하다

오늘의 응용 **We can top off the salad with some toasted nuts.**
샐러드에 구운 견과류를 올려도 돼.

Anna

This curry is too spicy.

카레가 너무 매워요.

Daddy 오늘은 실수로 카레에 후추를 평소보다 조금 더 많이 넣어버렸어요. 가족들에게 먹던 것보다 조금 매울 것 같다고 미리 얘기를 하긴 했지만, 생각보다 더 매워하네요. 원래 밥 먹을 때 요거트는 안 되는데 오늘은 요거트를 내어 줘야겠어요.

오늘의 단어 spicy 매운

오늘의 응용 **This kimchi stew looks too spicy.**
이 김치찌개는 너무 매워 보여요.

Mummy

Make sure to read through all of them.

모든 것을 꼼꼼히 읽도록 해.

Anna 처음으로 제 통장을 만들러 엄마와 은행에 왔어요. 이것저것 적을 것들이 너무 많은 거 있죠. 무슨 말인지 하나도 못 알아듣겠는데 엄마는 모든 조항을 꼼꼼히 읽고 사인하라고 하셨어요. 은행은 어려운 곳이네요!

오늘의 표현 **read through** 꼼꼼히 읽다

오늘의 응용 **Take your time to read through the document.**
시간을 두고 서류를 꼼꼼히 읽으세요.

Jinny

This spaghetti is yummy!

이 스파게티 맛있어요!

Mummy 지니는 제 요리를 정말 좋아해요. 제가 요리한 보람을 느낄 수 있게 맛있다, 감사하다는 표현을 잊지 않고 해준답니다. 지니가 누구에게나 항상 이렇게 상냥했으면 좋겠어요. 설령 음식이 맛없더라도요!

오늘의 단어 yummy 맛있는

오늘의 응용 **This cake is so yummy!**
이 케이크 정말 맛있어요!

Daddy

Let's do some warm up

몸을 풀자.

Jinny 가족들과 바다에 놀러 갔던 저번 휴가 때는 바닷물이 너무너무 차가 워서 들어가기가 무서웠어요. 아빠는 준비 운동으로 몸을 풀면 물이 조금 덜 차 게 느껴진다고 하셨어요. 운동하고 물에 들어가니 정말 조금 따뜻하게 느껴졌 어요.

오늘의 표현 **warm up** 몸을 풀다, 준비 운동을 하다

오늘의 응용 **It's important to warm up before you run.**
달리기 전에 몸을 푸는 것이 중요하다.

Who wants to help me clean the garden today?
오늘 정원 정리는 누가 도와줄래?

I will, Dad! It's your turn to rest.
제가요, 아빠! 아빠는 쉴 차례예요.

That's so sweet of you, dear. You can handle it on your own, right?
정말 착하구나, 우리 딸. 혼자서도 잘 할 수 있지?

Of course! I'm not scared of spiders any more.
당연하죠! 더 이상 거미가 두렵지 않아요.

9th June

★ **Can you help me put up these posters?**
포스터 붙이는 거 도와줄 수 있어요?

★ **I can't wait to show it off!**
얼른 자랑하고 싶다!

★ **Let's top off the cake with some fresh berries.**
케이크 위에 신선한 산딸기를 얹자.

★ **Make sure to read through all of them.**
모든 것을 꼼꼼히 읽도록 해.

★ **Let's do some warm up**
몸을 풀자.

★ **That drawing you did for me is so adorable.**
네가 그려준 그림 정말 사랑스럽다.

★ **It's your turn to set the table for dinner.**
네가 저녁상에 수저 놓을 차례야.

★ **I can't sleep on my own.**
저 혼자 못 자겠어요.

★ **That horror movie is too scary.**
그 공포 영화는 너무 무서워요.

★ **I will keep going until I finish.**
끝날 때까지 계속할 거예요.

Hey, I put up the tent in the backyard. It's ready for our camping night.

봐, 아빠가 뒷마당에 텐트를 설치했어.
우리 캠핑 나잇을 위한 거야.

Wow, that looks great! I can't wait to show off my camping skills.

우와, 멋져요! 저도 제 캠핑 기술을 얼른 자랑하고 싶어요.

I baked a cake to top off the evening. It'll be a delicious treat.

저는 저녁의 대미를 장식할 케이크를 구웠어요.
맛있는 간식이 될 거예요.

Before we start camping, let's read through the safety guidelines for the campfire.

캠핑 시작하기 전에,
캠프파이어를 위한 안전 수칙을 꼼꼼히 읽자.

Jinny

I will keep going until I finish.

끝낼 때까지 계속할 거예요.

Mummy 지니의 장점이 있다면 뭐든 자신이 납득할 수 있을 때까지 노력한다는 거예요. 절대로 미련을 남기지 않고 지금 이 순간에 최선을 다하죠. 제가 어른이지만 아이에게 배우는 순간이 있다면 바로 이런 거예요.

오늘의 표현 **keep going** 계속하다, 견디다

오늘의 응용 **Keep going! You're doing great!**
계속해! 잘하고 있어!

Jinny

They really light up the night sky.

밤하늘을 정말 밝게 비춰줘요.

Mummy 가끔 한국으로 출장을 갈 때 아이들을 데려오는데, 이번에는 지니와 왔어요. 그런데 마침 여의도에서 불꽃축제를 하네요. 지니가 눈을 반짝이며 좋아하는 모습을 보니까 같이 온 보람이 있네요.

오늘의 표현 **light up** 밝히다, 빛나다

오늘의 응용 **The lanterns light up the garden during the festival.**
축제 기간에 등불들이 정원을 밝힌다.

Jinny

That horror movie is too scary.

그 공포 영화는 너무 무서워요.

Daddy 안나와 지니는 공포 영화를 볼 때 저와 아내에게 꼭 안겨 있어요. 저도 이렇게나 무서운데 아이들에게는 얼마나 무서울까요? 지니는 공포 영화를 본 날 밤에 악몽을 꾸기도 합니다.

오늘의 단어 **scary** 무서운, 겁나는

오늘의 응용 **I don't want to go inside.**
It looks so scary.

안에 들어가고 싶지 않아. 너무 무서워 보여.

Jinny

I'm going to speak up about it.

저 이 얘기 꼭 할 거예요.

Daddy 안나는 얼마 전부터 스마트폰을 쓰기 시작했어요. 언제든 전화하고, 친구들과 문자도 나누는데 지니는 그게 짐짓 부러웠나 봐요. 이번 가족회의에 자신만 스마트폰이 없는 건 불공평하다고 말하려 한대요. 이걸 어떻게 설명해 줘야 할까요?

오늘의 표현 **speak up** (공개적으로, 솔직하게) 말하다

오늘의 응용 **Don't be afraid to speak up and share your opinions.**

네 생각을 공개적으로 말하고 드러내기를 두려워하지 마.

Anna

I can't sleep on my own.

저 혼자 못 자겠어요.

Mummy 안나는 강하고 지혜로운 아이지만 아직 어리기 때문에 엄마 아빠 곁에서 안정감을 느끼고 싶어 할 때가 있어요. 천둥이 치는 깊은 밤은 누구나 무섭잖아요? 그럴 때 안나는 조용히 방문을 열고 저와 남편 사이로 비집고 들어와요. 혼자 못 자겠다면서요.

오늘의 표현 **on my own** 혼자서

오늘의 응용 **I can tie my shoelaces on my own.**
나 혼자서도 신발 끈을 묶을 수 있어.

Mummy

It is just the
tip of the iceberg.

이건 빙산의 일각에 불과해요.

Jinny   오늘은 친구들 앞에서 "이건 빙산의 일각에 불과해."라고 말했더니 다들 멋진 표현이라며 감탄했어요. 사실 이 말은 엄마가 지난 학회 발표에서 했던 말이거든요. 방에서 연습하는 걸 엿들었죠. 엄마는 정말 멋진 말을 많이 안다니까요.

오늘의 표현   **tip of the iceberg** 빙산의 일각

오늘의 응용   **The well-known troubles are just the tip of the iceberg.**
알려진 문제는 빙산의 일각에 불과해요.

Mummy

It's your turn to set the table for dinner.

네가 저녁상에 수저 놓을 차례야.

Jinny 우리 집은 온 가족이 돌아가면서 저녁상을 준비해요. 엄마 아빠가 요리한 음식들을 식탁에 옮기고 수저를 놓아요. 정말 귀찮지만 한 번만 하면 세 번은 다른 가족이 해주니까 괜찮아요.

오늘의 단어 **turn** 차례

오늘의 응용 **It's your turn to roll the dice.**
네가 주사위를 굴릴 차례야.

Daddy

We're almost there.

거의 다 왔어.

Anna 아빠는 등산을 좋아해서 종종 우리와 산에 가요. 그런데 가끔 너무 높은 산을 오를 때는 오래 걸리고 지루해서 제가 그냥 내려가면 안 되냐고 물어봐요. 그럼 우리 아빠는 100% 거의 다 왔다고 말해요. 참, 제가 몇 번을 속았는지 모른다니까요.

오늘의 단어 **almost** 거의

오늘의 응용 **Keep going, you're almost there.
Don't give up.**

계속 가자, 거의 다 왔어. 포기하지 마.

Anna

That drawing you did for me is so adorable.

네가 그려준 그림 정말 사랑스럽다.

Anna 지니는 가끔 뜬금없이 저를 감동시켜요. 생긴 건 엉망이지만 정성이 담긴 음식을 만들어준다거나, 학교 미술 시간에 제 얼굴을 그려서 선물로 준다 거나 하는 식으로요. 많이 싸우기도 하지만 제 동생은 정말 사랑스러워요.

오늘의 단어 adorable 사랑스러운, 매력적인

오늘의 응용 **You gave an adorable card to Grandma.**
할머니께 사랑스러운 카드를 드렸구나.

Anna

This plant grows well with regular watering.

이 식물은 규칙적으로 물을 주면 잘 자라요.

Mummy 안나가 학교에서 생물 시간에 화분에 씨앗을 심었나 봐요. 새싹이 조금 올라왔는데, 저는 키울 자신이 없다고 그랬더니, 걱정 말라며 자기가 잘 키워보겠다고 얘기하네요. 이미 키우고 있는 거북이가 새싹이를 질투하지 말아야 할 텐데요.

오늘의 단어   **grow** 자라다

오늘의 응용   **With good care, the flowers in the garden grow well.**

관리만 잘하면 꽃들은 정원에서 잘 자라요.

I made some iced tea, is it too sweet?

아이스티를 좀 만들어봤는데, 너무 단가?

I don't mind a bit of sweetness. Let me taste it.

조금 단 건 상관없어. 내가 맛을 한번 볼게.

It's a bit too sweet for me.

저한텐 좀 많이 달아요.

I kind of agree with Jinny.

저도 지니 말에 어느 정도 동의해요.

★ **They really light up the night sky.**
밤하늘을 정말 밝게 비춰줘요.

★ **I'm going to speak up about it.**
저 이 얘기 꼭 할 거예요.

★ **It is just the tip of the iceberg.**
이건 빙산의 일각에 불과해요.

★ **We're almost there.**
거의 다 왔어.

★ **This plant grows well with regular watering.**
이 식물은 규칙적으로 물을 주면 잘 자라요.

★ **It's too sweet.**
이건 너무 달아.

★ **I don't mind which movie we watch.**
어떤 영화를 보든 저는 상관없어요.

★ **I kind of agree.**
어느 정도 동의해요.

★ **You have a green thumb.**
너는 식물을 잘 기르는구나.

★ **This maths problem doesn't make sense.**
이 수학 문제가 전혀 이해가 안 돼요.

Dialogue Day

I would like to speak up about the travel plans.
우리 휴가 계획에 대해서 말해보고 싶은데.

Please go ahead.
얼른 말해주세요.

What we told you last month was just the tip of the iceberg.
참고로 우리가 지난달에 너희에게 말해준 건 빙산의 일각에 불과해.

Our excitement will grow well as we get closer to the trip.
여행 날이 다가올수록 점점 기대가 돼요.

Anna

This maths problem doesn't make sense.

이 수학 문제가 전혀 이해가 안 돼요.

↳ 미국에서는 수학을 math라고 쓰고,
영국에서는 s를 붙여서 maths라고 써요.

Mummy   안나는 무언가 이해하지 못할 때 엄마 아빠에게 도움을 청해요. 인터넷에 검색하는 것보다 엄마 아빠가 더 빠르고 정확한 답을 알고 있다고 하네요. 하지만 어쩌죠? 저도 이 문제는 잘 모르겠어요.

오늘의 표현   make sense   말이 되다, 이해가 되다

오늘의 응용   **The instructions for this game don't make sense to me.**
이 게임 설명서는 전혀 이해가 안 돼요.

It's very unlikely to rain.

비가 전혀 올 것 같지 않은데.

Mummy 안나는 며칠 전에 엄청난 폭우를 맞고 들어왔어요. 비가 전혀 올 것 같지 않은 날이었는데 갑자기 비가 쏟아졌거든요. 그 이후로 안나는 비가 안 올 것 같아도 작은 우산을 가방에 챙겨요. 그때 아끼던 신발이 폭삭 젖었거든요.

오늘의 단어 **unlikely** 할 것 같지 않은, 가능성이 낮은

오늘의 응용 **It's very unlikely that I will win the lottery.**
내가 복권에 당첨될 확률은 매우 낮아.

Daddy

You have a green thumb.

너는 식물을 잘 기르는구나.

Daddy 어떤 사람들은 식물을 키우는 데 천부적인 능력을 가지고 있는 것 같아요. 지니가 특히 그렇죠. 지난 주에 심어뒀던 씨앗이 벌써 싹을 틔우다니요. 지니에게 식물을 잘 키우는 능력, 'green thumb' 훈장을 달아줘야겠어요.

오늘의 표현 **green thumb** 식물을 잘 기르는 능력

오늘의 응용 **Mum has a green thumb.**
엄마는 식물을 잘 길러요.

Jinny

I played video games for half an hour.

30분 동안 비디오 게임을 했어요.

Jinny 엄마는 항상 학교에 다녀오자마자 숙제를 하라고 하세요. 하지만 제게는 조금 쉴 시간이 필요해요. 그래야 숙제할 집중력도 다시 충전되고, 숙제도 더 즐겁게 하지 않겠어요? 더도 말고 덜도 말고 딱 30분이면 충분하니 게임하게 해주세요!

오늘의 표현 **for half an hour** 30분 동안

오늘의 응용 **She practices playing the piano for half an hour every day.**

그녀는 매일 30분 동안 피아노를 연습한다.

Anna

I kind of agree.

어느 정도 동의해요.

Mummy 집에 초대된 어른들 사이에서 수박이 맛있냐 대추가 맛있냐에 대한 논쟁이 시작됐어요. 저는 단맛이 농축된 대추가 더 맛있다고 했고 이모는 수박이 훨씬 맛있다고 했죠. 그러니까 옆에서 안나가 이모의 말에 동의한다고 맞장구를 쳤어요.

오늘의 표현 **kind of** 어느 정도

오늘의 응용 **I kind of agree that superhero movies are fun.**

슈퍼히어로 영화가 재미있다는 데 어느 정도 동의해.

Mummy

Don't stay up late tonight.

너무 늦게 자지 마.

Anna 엄마와 아빠는 오늘 저녁 늦게까지 둘만의 시간을 갖기로 했어요. 저희는 이웃 친구네 집에서 하루 동안 있기로 했죠. 오늘 저녁엔 친구들과 밤늦게까지 무서운 얘기도 하고 베개 싸움도 하려고요. 엄마가 늦게까지 놀지 말라고 경고를 했지만요.

오늘의 표현 **stay up** 자지 않고 깨어 있다

오늘의 응용 **She stayed up late studying for her exam.**

그녀는 시험공부를 하느라 늦게까지 안 잤다.

Jinny

I don't mind which movie we watch.

어떤 영화를 보든 저는 상관없어요.

Daddy 지니에게는 우유부단한 면이 있어요. 어떤 영화를 보고 싶냐고 물어보면 뭘 보든 상관 없다고 말해요. 그런데 피터팬을 보자고 하면 라푼젤은 어떠냐 하고 인어공주를 틀어주면 피터팬은 어떠냐고 해요. 이럴 바엔 처음부터 보고 싶은 걸 말해줘, 지니!

| 오늘의 표현 | **I don't mind** 상관없다 |

| 오늘의 응용 | **I don't mind which flavor we choose.**
무슨 맛을 고르든 나는 상관없어. |

Jinny

Yes, please!

네, 주세요!

Jinny 저희 학교에 한국인 친구가 전학을 왔어요. 아직 영어가 서투르길래 한국어를 할 수 있는 제가 도와주고 있어요. 언젠가는 뭔가를 부탁하거나 요청할 때 please를 잘 붙이지 않는 것 같아서 영국에서는 please를 최대한 많이 쓰라고 말해줬어요. 도움이 되었길 바라요.

오늘의 단어 **please** 남에게 정중하게 무엇을 부탁할 때 덧붙이는 말

오늘의 응용 **Would you give me some coffee, please?**
커피 좀 주시겠어요?

It's too sweet.

이건 너무 달아.

Jinny 제가 제일 좋아하는 간식은 아이스크림이에요. 엄마는 간식시간에 아이스크림을 그릇에 조금 퍼서 내어주세요. 하지만 먼저 맛을 보시고 너무 달면 그 아이스크림은 탈락이에요. 솔직히 저는 아이스크림은 어차피 다니까 얼마나 단지는 상관없다고 생각해요.

오늘의 단어 sweet 달콤한, 단

오늘의 응용 **The cake was too sweet, so I couldn't finish it all.**
케이크가 너무 달아서 다 먹지 못했어.

Anna

No, thank you.

아니요, 괜찮아요.

Anna 생각해보면 거절할 때 쓰는 "No, thank you."라는 말은 참 다정한 말이에요. 거절의 표현을 확실히 하면서도 상대방의 마음이 상하지 않도록 고맙다는 말까지 짝으로 붙여 쓰는 거잖아요. 잘 살펴보면 이렇게 사랑스러운 말이 많은 것 같아요!

오늘의 표현 **No, thank you.** 아니요, 괜찮아요.

오늘의 응용 **No, thanks.**
(더 편한 상대방에게) 아니, 괜찮아.

8th July

Dialogue Day

What's up?
Why are you looking worried?
무슨 일이야? 뭔가 걱정 있는 것 같은데?

I need some time to finish my
school project, but my room is
uncomfortable because of the
broken light.
학교 과제 끝내려면 시간이 좀 필요한데,
방에 전등이 고장 나서 불편해요.

I understand.
You can do it in the living room.
그렇구나. 거실에서 해도 돼.

But it's noisy there, what with all the
construction work going on outside.
그런데 거기는 바깥의 공사 소음 때문에 시끄러워요.

★ **It's very unlikely to rain.**
비가 전혀 올 것 같지 않은데.

★ **I played video games for half an hour.**
30분 동안 비디오 게임을 했어요.

★ **Don't stay up late tonight.**
너무 늦게 자지 마.

★ **Yes, please!**
네, 주세요!

★ **No, thank you.**
아니요, 괜찮아요.

★ **Did you see the new movie?**
새 영화 봤어요?

★ **Hey, what's up?**
무슨 일이야?

★ **I understand that you need some time.**
시간이 좀 필요하다는 걸 이해해.

★ **These shoes are uncomfortable.**
이 신발은 불편해요.

★ **It's too noisy.**
너무 시끄러워요.

I heard it's very unlikely to rain tomorrow, so shall we plan a day out?

내일 비가 올 것 같지 않은데,
내일 우리 나갈 계획 세워볼까?

Can we go to the amusement park?

놀이공원에 가면 안 돼요?

**That's a great idea.
We will need to get up early,
so you can't stay up late tonight.**

완전 좋은 생각이네. 그럼 우리 일찍 일어나야 해.
늦게까지 깨어 있으면 안 돼.

**Okay, I'll only play card games
for half an hour before bedtime.**

알겠어요, 자기 전에 30분 동안만 카드 게임 할게요.

6th
July

Anna

It's too noisy.

너무 시끄러워요.

Anna 감기에 걸렸어요. 일어나기가 힘들어서 학교도 가지 못하고 침대에 누워만 있었어요. 그런데 옆집에는 파티를 하나 봐요. 잠에 들려고 하면 웃고 떠드는 소리와 음악 소리에 다시 깨요. 엄마가 옆집에 가서 너무 시끄럽다고 얘기했는데도 조용해지지가 않아요.

오늘의 단어 noisy 시끄러운

오늘의 응용 **The party next door is too noisy.**
옆집 파티가 너무 시끄러워.

Anna

I just saw the most fabulous dress.

방금 제일 멋진 드레스를 봤어.

Mummy 아이들과 옷을 사러 쇼핑센터에 오면 먼저 의류 층을 한 바퀴 빙 돌아요. 맘에 드는 옷 다섯 개를 마음속에 정해두라고 하죠. 그리고 그중에서 가격이 합리적인 것을 한두 개 사줘요. 최대한 갈등을 줄이는 우리 가족만의 쇼핑 방식이랍니다.

오늘의 단어   fabulous   엄청난, 굉장한

오늘의 응용   **The concert last night was absolutely fabulous.**
어젯밤 콘서트는 정말 굉장했어요.

Daddy

These shoes are uncomfortable.

이 신발은 불편해.

Mummy 남편이 무비나잇에서 플립플롭 샌들을 신은 주인공을 유심히 보더니 어느 날 똑같은 샌들을 사 왔어요. 평소에 운동화와 구두만 신는 남편이라 저게 편할까 싶었는데, 아니나 다를까 신발이 불편해서 발가락 사이가 다 까졌다고 하네요.

오늘의 단어 uncomfortable 불편한

오늘의 응용 **The chair in the waiting room is so uncomfortable.**
대기실 의자가 너무 불편해.

Why don't you come for tea?

차 마시러 오지 그래요?

Jinny 오늘 친구 재키와 집에서 놀았어요. 저녁이 되니까 재키네 엄마가 재키를 데리러 왔어요. 엄마는 배웅하면서 재키네 엄마와 대화를 나눴어요. 옆에서 엿들으니 차를 마시러 오라고 하시네요. 그럼 그때 재키랑 또 집에서 놀면 되겠어요.

오늘의 표현 come for tea 차 마시러 오다

오늘의 응용 **Let's invite our friends to come for tea.**
차 마시러 오라고 친구들을 초대하자.

I understand that you need some time.

시간이 좀 필요하다는 걸 이해해.

Jinny 제가 언니랑 싸우면 엄마는 우리를 일단 각자 방으로 들어가게 해요. 서로 상황을 이해하고 화를 가라앉힐 시간이 필요하다는 거예요. 그런데 이런 시간을 가지면 정말 마음이 괜찮아지는 것 같아요. 언니한테 미안하다고 말해야겠어요.

오늘의 단어 understand 이해하다

오늘의 응용 **I need some time to understand the work.**
이 일을 이해할 시간이 좀 필요해.

Jinny

Shall we meet up tomorrow?

내일 만나지 않을래?

Daddy 지니가 반에 친해지고 싶은 친구가 있는데 부끄러워서 다가가기가 힘들다고 고민을 털어놨어요. 원래 쑥스러움이 많지 않은데 그러는 걸 보니 꽤 좋아하나 봐요. 저는 어떻게든 기회를 봐서 약속을 잡으라고 조언을 해줬어요.

오늘의 표현 **meet up** (특히 약속하여) 만나다

오늘의 응용 **Let's meet up for lunch and talk about our upcoming project.**
점심에 만나서 곧 다가올 우리 일에 대해 얘기 나누자.

Hey, what's up?

무슨 일이야?

Jinny   아침에는 주방에 갔다가 식탁 다리에 그만 새끼발가락을 부딪히고 말았어요. 너무 아파서 꺅, 비명을 질렀더니 언니가 놀란 얼굴로 와서 괜찮냐고 물어봤어요. 언니 얼굴을 보니까 눈물이 나려고 해요.

오늘의 표현   **What's up?**   무슨 일 있어?

오늘의 응용   **What's up with all the noise outside?**
무슨 일로 바깥이 시끄러운 거야?

Daddy

We should set off early.

우리 일찍 출발해야 돼.

Mummy 남편과 같이 런던 중심가에 갈 일이 생겼어요. 런던의 교통체증은 정말 상상도 하기 싫네요. 그 혼란을 피하려면 최대한 집을 일찍 나서야 할 것 같아요. 남편은 벌써 준비를 다 끝내고 저를 보채네요. 조금만 기다려줘요!

오늘의 표현 **set off** 출발하다, 떠나다

오늘의 응용 **We set off on our road trip early in the morning.**
우리는 아침 일찍 자동차 여행을 떠났다.

Jinny

Did you see the new movie?

새 영화 봤어요?

Daddy 지니가 제일 좋아하는 취미는 영화 보기예요. 집에서 가족들과 티비로 보는 것도 좋아하고 극장에 가서 보는 것도 좋아해요. 영화를 볼 때 지니 옆에 있으면 온몸이 들썩이는 게 느껴질 정도라니까요.

오늘의 표현 **Did you see~?** ~ 봤어요?

오늘의 응용 **Did you see the sunset last night?
It was absolutely stunning!**

어젯밤 노을 봤어요? 엄청 아름다웠어요!

Mummy

Let's play it by ear.

한번 두고 보도록 하자.

Jinny 집에서 키우는 거북이가 며칠 동안 꿈쩍도 하지 않아요. 먹이도 안 먹고 물도 안 마셔요. 대체 왜 이러는지 모르겠어요. 추우면 잘 움직이지 않는다는데, 겨울이 와서 그럴 수도 있다고 해요. 엄마와 한번 두고 보기로 했어요.

오늘의 표현 **play it by ear** 두고 보다, 지켜보다

오늘의 응용 **I'm not sure about going on holiday, let's play it by ear.**

휴일에 여행을 갈지는 좀 두고 보도록 하자.

Anna, won't you come over living room for tea?

안나야, 차 마시러 거실로 오지 않을래?

Can I come a minute later? I promised to meet up my friend on video chat.

조금 이따 가도 돼요?
저 친구랑 화상에서 만나기로 약속했어요.

I can't make time later, because I need to set off early for the conference.

엄마가 이후엔 시간 내기 힘들 것 같아.
학회로 일찍 출발해야 해서.

But it might end in a moment. Let's play it by ear.

근데 금방 끝날 수도 있어요. 한번 상황을 보자구요.

★ **I just saw the most fabulous dress.**
방금 제일 멋진 드레스를 봤어.

★ **Why don't you come for tea?**
차 마시러 오지 그래요?

★ **Shall we meet up tomorrow?**
내일 만나지 않을래?

★ **We should set off early.**
우리 일찍 출발해야 돼.

★ **Let's play it by ear.**
한번 두고 보도록 하자.

7월

July